Frick / Stern
DSC-Prüfung in der Anwendung

Achim Frick
Claudia Stern

DSC-Prüfung
in der Anwendung

HANSER

Die Autoren:
Prof. Dr.-Ing. Achim Frick, Kantstraße 1, 73431 Aalen
Dr. Claudia Stern, Bleichroden 15, 73497 Tannhausen

Bibliografische Information Der Deutschen Bibliothek:
Die Deutsche Bibliothek verzeichnet diese Publikation in der Deutschen Nationalbiblio-
grafie; detaillierte bibliografische Daten sind im Internet über <http://dnb.ddb.de> abrufbar.

ISBN-10: 3-446-40563-1
ISBN-13: 978-3-446-40563-9

© 2006 Carl Hanser Verlag München Wien
www.hanser.de
Herstellung: Oswald Immel
Satz: PTP-Berlin
Coverconcept: Marc Müller-Bremer, Rebranding, München
Umschlaggestaltung: MCP • Susanne Kraus GbR, Holzkirchen,
Druck und Bindung: Druckhaus »Thomas Müntzer«, Bad Langensalza
Printed in Germany

„Der Fortschritt lebt vom Austausch des Wissens"
Albert Einstein (1879–1955)

Vorwort

Technische Kunststoffe sind polymere Werkstoffe, diese finden aufgrund ihrer spezifischen Eigenschaften heute umfangreichen und stetig wachsenden Einsatz in vielen Feldern der Technik und des täglichen Lebens. Aus Kunststoffen lassen sich geometrisch komplexe und multifunktionale Formteile in guter Qualität unter wirtschaftlichen Bedingungen herstellen. Hierin begründet sich ihr Erfolg und das nachhaltige Interesse der verschiedenen Industrien am Polymer Engineering, dem Entwickeln, Konstruieren und Fertigen von Produkten aus Kunststoffen.

Durch einen mittlerweile globalen Wettbewerb wird der Kostendruck auf die Industrien neuerdings massiv verschärft. Dies führt zwangsläufig zu einem höheren Ausnutzungsgrad der entwickelten Produkte – und dies gilt auch für Formteile aus Kunststoff; es sind Werkstoffe und damit Kosten einzusparen. Ehedem vorhandene, in jedem Fall ausreichende Tragfähigkeiten haben jetzt, und eben vorwiegend wirtschaftlich bedingt, minimalen Sicherheitsreserven zu weichen. Diese Entwicklung ist vom technischen Standpunkt aus betrachtet kritisch und lässt sich, wenn überhaupt, nur durch eine entsprechende hochwertige Qualität der Produkte ausgleichen. Ein für die Anwendung noch ausreichend betriebssicheres und für die Kunden schließlich akzeptables Produkt erfordert folglich eine hohe homogene und gegebenenfalls auch gleich bleibende Güte mit geringen Toleranzen.

Der industrielle Erfolg und die Wettbewerbsfähigkeit von Unternehmen basieren damit bereits heute – und vermehrt noch in der Zukunft – auch ganz wesentlich auf der Erfüllung dieser angesprochenen Qualitätsforderungen; sie erlangen strategische Bedeutung.

Die Sicherstellung der erforderlichen Produktqualität bei Formteilen aus Kunststoff besitzt deshalb eine hohe Priorität, wozu es ohne Zweifel einer geeigneten Rohstoffeingangskontrolle, Prozessüberwachung und auch Produktgüteerfassung bedarf. Für die Behandlung dieser Aufgaben sind jeweils taugliche Prüfverfahren notwendig.

Im Falle der Kunststoffe und der daraus hergestellten Produkte erweist sich insbesondere die Dynamische Differenzkalorimetrie (DSC) als ein bevorzugt geeignetes und effektives Prüfverfahren, um die dargelegten Fragestellungen zu lösen. Die kalorische Prüfung erlaubt Untersuchungen an Proben nahezu beliebiger Geometrie und Größe, indem nur wenige Milligramm Substrat für eine Messung erforderlich sind. Damit stellt die DSC-Prüfung für die Kunststofftechnik eine höchst leistungsfähige Untersuchungsmethode dar, deren Messergebnis einen hohen Informationsgehalt besitzt.

Das vorliegende Fachbuch stellt die DSC-Prüfung in der kunststofftechnischen Anwendung vor. Es will kein Grundlagenwerk sein, sondern beabsichtigt vielmehr, in die
Möglichkeiten und Grenzen der DSC-Prüfung einzuführen, im Hinblick auf Lösungs-
ansätze für viele, in der kunststofftechnischen Praxis bedeutsame, da qualitätsrelevante
Fragestellungen. Die Darlegungen zur Theorie der Kalorimetrie sind bewusst kompri-
miert gehalten, hier steht der methodische Ansatz zur erfolgreichen Klärung anwen-
dungstechnischer Fragen im Vordergrund der Ausführungen. Es werden die Anwend-
barkeit der DSC-Prüfung und die Interpretation ihrer Messergebnisse ausführlich an
typischen, praxisrelevanten Problemfällen diskutiert und dargelegt. Dabei finden neben den Schmelzkurven der Polymere – neu – auch ihre Kristallisationskurven eine
wesentliche Bewertung.

Die Autoren sind seit vielen Jahren in der anwendungsorientierten Forschung und im
Technologietransfer im Bereich der Kunststofftechnik engagiert und nutzen die DSC-
Prüfung, neben anderen Verfahren, auch ganz maßgeblich für diese Zwecke. Ihre in
praktischen Messungen gesammelten Erfahrungen und methodischen Fortentwick-
lungen sind vorliegend dargestellt und sollen gerne einer interessierten und in die
dargelegten Fragestellungen involvierten Leserschaft weitergegeben werden.

Sie hoffen, ihre vorliegenden Ausführungen können dazu beitragen, die Kunststofftechnik weiter allgemein und insbesondere erfolgreich voranzubringen, damit sich
qualifizierte, technisch überlegene aber auch nachhaltige Produkte aus Kunststoffen
herstellen lassen.

Die Verfasser
Aalen, 2006

Inhaltsverzeichnis

1   Einführung in die Kunststofftechnik

Die Kunststoffe oder, allgemeiner benannt, die polymeren Werkstoffe sind makromolekulare Materialien, welche sich in 4 Hauptgruppen unterteilen lassen. Dies sind die Thermoplaste, die thermoplastischen Elastomere, die Elastomere und die Duroplaste; Bild 1.

Die thermoplastischen Materialien sind heute die technisch bedeutsamsten Kunststoffe und überwiegen deutlich im Gesamtverbrauch aller Polymere. Ihre Makromoleküle besitzen eine lineare, oft auch verzweigte Struktur und sind dabei unvernetzt. Dies erlaubt eine wiederholte Verarbeitung dieser Werkstoffe aus der Schmelze und damit auch ein einfaches, werkstoffliches Recycling. Entsprechend werden die thermoplastischen Kunststoffe in den weitergehenden Ausführungen hauptsächlich gewürdigt.

Nach dem makromolekularen Aufbau lassen sich Homo- und Copolymere unterscheiden, Bild 2, abhängig davon, ob die Kette des Polymers aus nur einer oder verschiedenen Monomereinheiten aufgebaut ist.

Im Falle eines Blends handelt es sich um eine Mischung, bei der eine feindispergierte Phase (z. B. Schlagzähmodifikator) in einer Polymermatrix existiert.

Bei den Elastomeren und duroplastischen Werkstoffen handelt es sich dagegen jeweils um vernetzte Kunststoffe, wobei die Gummimaterialien eine weitmaschige, chemische Vernetzung ihrer makromolekularen Struktur aufweisen und sich damit bei Temperaturen oberhalb der Glasübergangstemperatur hoch dehnfähig zeigen. Im Gegensatz dazu besitzen die Duroplaste eine engmaschige Vernetzung, die infolge der geringen Maschenweite mechanisch steife Materialien liefert. Beide Stoffgruppen liegen im Ausgangszustand zunächst als unvernetzte Polymere vor, deren Moleküle erst durch die Vulkanisation bzw. Aushärtungsreaktion wechselweise chemisch vernetzt werden.

Die Eigenschaften eines gegebenen, im einfachsten Fall linearen, makromolekularen Werkstoffs werden ausschließlich durch die Größe seiner Makromoleküle bestimmt, wobei ein Bestimmungsmaß hierfür die mittlere Molmasse und ihre Verteilung sind. Im Falle vorliegender Verzweigungen ist ferner die Verzweigungsdichte und Länge der Verzweigungen von Interesse.

Bei den vernetzten Kunststoffen bestimmt die Vernetzungsdichte und folglich die angesprochene Maschenweite über wesentliche Gebrauchseigenschaften des jeweiligen Polymers. Für vernetzte Polymere kann infolge des hier vorhandenen Netzwerkes keine Molmasse mehr ermittelt werden. In einem aus einem vernetzten Polymer hergestellten Produkt existiert praktisch nur noch ein einziges Makromolekül.

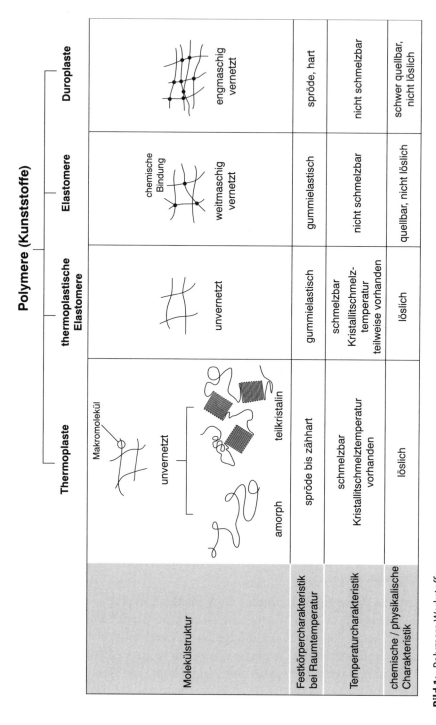

Bild 1: Polymere Werkstoffe

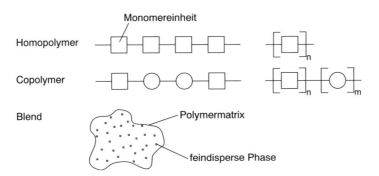

Bild 2: Aufbau von Makromolekülen

Abhängig von der jeweiligen Gefügestruktur der thermoplastischen Kunststoffe, ihrer Morphologie, lassen sich amorphe und teilkristalline Werkstoffe unterscheiden; Bild 1. Ein amorphes Gefüge bedeutet dabei in der Regel, dass die im Inneren des jeweiligen Polymers vorhandenen Makromoleküle vollkommen ungeordnet im Knäuel vorliegen, die Verformungsfähigkeit eines entsprechenden Polymers wird bei gegebenem chemischen Aufbau mithin durch seine Verschlaufungsdichte und die thermisch bedingt vorliegende Kettenbeweglichkeit definiert. Unterhalb der Glasübergangstemperatur sind die Makromoleküle in ihrer Beweglichkeit weitgehend eingefroren, Platzwechselvorgänge unterbleiben deshalb, die Polymere verhalten sich steif, und ihr Verformungsverhalten ist entsprechend energieelastisch mit geringer Dehnfähigkeit. Im Bereich der Glasübergangstemperatur tauen die Makromoleküle dann auf, die Ketten werden beweglich. Eventuell vorhandene, eingefrorene Orientierungszustände in amorphen Kunststoffen können jetzt, meist verbunden mit kalorischen Effekten, relaxieren. Bei einem weiteren Temperaturanstieg treten in amorphen Kunststoffen dann Platzwechselvorgänge der Makromoleküle auf, wodurch sich diese Polymere schließlich einfach gummielastisch verformen lassen. Im Zustand erhöhter Temperatur kann unter mechanischer Belastung eine entsprechend hohe Dehnfähigkeit, verbunden mit molekularen Kriechvorgängen, beobachtet werden.

Anders dagegen verhält es sich im Falle einer teilkristallinen Gefügestruktur. Die dieser Gruppe zugehörigen Kunststoffe sind kristallisationsfähig, wodurch ihre Makromoleküle nach dem Abkühlen aus der Schmelze Nahordnungen mit Kristalllamellenblöcken ausbilden, die sich ihrerseits zu Überstrukturen, Bild 7, beispielsweise sphärolithischer Natur oder scherorientiert, anordnen können. Der Kristallisationsvorgang, Bild 3, und der dabei erreichbare Kristallinitätsgrad, beim Übergang eines Stoffes aus der Schmelze zum Festkörper, wird dabei ganz wesentlich durch das originäre Kristallisationsvermögen des jeweiligen Polymers (Eigennukleierung) bestimmt, was sei-

 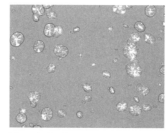 

a) Start der Kristallisation   b) nach 4 min   c) nach 10 min

Bild 3: Kristallisation von Polypropylen (PP) unter isothermen Bedingungen

nerseits durch die Thermodynamik der Erstarrung und den dabei erzeugten bzw. zusätzlich vorhandenen, fremden Kristallisationskeimen (Fremdnukleierung) beeinflusst wird. Die während eines Erstarrungsprozesses erzeugte Kristallinität im Festkörper kann somit bei gegebenem Polymer insbesondere unterschiedlich, aber auch inhomogen vorliegen und ist abhängig von den lokal wirksamen Erstarrungsbedingungen. Die zeitabhängigen Druckverläufe und Temperaturfelder sind hierbei zu berücksichtigen. In der Praxis handelt es sich beim Erstarrungsvorgang der thermoplastischen Kunststoffe aus der Schmelze folglich um einen stark nicht isothermen Prozess, die Kühlraten können bis weit über 1000 K/min betragen, verbunden mit signifikanten Druckgradienten. Als Folge hieraus lassen sich unterschiedlich ausgeprägte, kristalline Strukturen in einem teilkristallinen Kunststoff beobachten, die Strukturausbildung ist stark prozessabhängig. Die Werkzeugtemperatur bei der Spritzgießverarbeitung nimmt hier maßgeblichen Einfluss.

Die kristalline Phase eines teilkristallinen Polymers in der sonst amorphen Umgebung kann als eine Art Verstärkung begriffen werden. Folglich wird klar, dass wesentliche Gebrauchseigenschaften der teilkristallinen Kunststoffe durch die vorhandene Ausprägung ihrer Kristallinität und den jeweils existierenden Kristallinitätsgrad, auch durch die Kristalllamellenverteilung bestimmt sind.

Teilkristalline Kunststoffe zeichnen sich morphologiebedingt gegenüber den amorphen, häufig spröden Polymeren meist durch eine günstigere Duktilität aus und weisen insbesondere eine generell bessere Dauerfestigkeit, Spannungsriss- und Chemikalienbeständigkeit auf. Die Spannungsrissempfindlichkeit ist ein schwerwiegendes und deshalb zu beachtendes Phänomen der polymeren Werkstoffe; es können im Kunststoff versagensrelevante Risse entstehen, sobald eine kritische mechanische und chemische Belastung gemeinsam wirken. Treten diese Belastungen dagegen nur einzeln auf, so reagiert der betreffende Kunststoff schadenstolerant.

Im Falle der thermoplastischen Elastomere handelt es sich um makromolekulare Stoffe, deren Ketten sequenziell aus einem Hart- und Weichsegmentanteil aufgebaut sind. Aus dem jeweiligen Verhältnis zwischen Hart- und Weichsegment-Anteil, bezogen auf die Gesamtlänge eines Makromoleküls, bestimmt sich die Härte dieser Kunststoffe, welche beträchtlich variieren kann. In einer modellhaften, ersten Vorstellung sind die thermoplastischen Elastomere in ihrem strukturellen Verhalten einem teilkristallinen Kunststoff oberhalb der Glasübergangstemperatur ähnlich, es liegen hier ebenfalls in eine „amorphe" Weichphase eingebettete Hartsegmente vor.

Die Hartsegmente können verschiedene Kristallite ausbilden, welche ebenfalls stark prozessabhängig sind. Ferner lassen sich teilweise molekulare Nahordnungen in diesen Werkstoffen finden, welche durch Temperung hervorgerufen sind und entsprechend den wirksamen Temperbedingungen ausgeprägt vorliegen.

1.1   Kunststoffe für technische Anwendungen

Wird der Fokus auf die in der Anwendung harten, thermoplastischen Werkstoffe gerichtet, so lassen sich hier 3 Leistungsgruppen unterscheiden; Bild 4. Die Leistungsgruppe der Massenkunststoffe findet überwiegend Anwendung, sie zeichnet sich insbesondere durch einen geringen Preis aus, und die zugehörigen Kunststoffe besitzen ein begrenztes thermomechanisches Leistungsvermögen.

Für vergleichsweise hoch beanspruchte Formteile gelangen deshalb bevorzugt die technischen Kunststoffe zum Einsatz, welche überlegene technische Eigenschaften bei einem dabei ausgewogenen Preis-Leistungsverhältnis aufweisen.

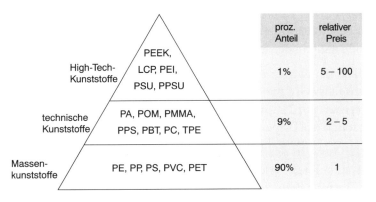

Bild 4: Einteilung der Thermoplaste

Nur für Spezialanwendungen mit besonderen Leistungsanforderungen lassen sich dagegen die High-Tech-Kunststoffe rechtfertigen und rechnen sich.

Es besteht die Möglichkeit, die verschiedenen Kunststoffe für die unterschiedlichen Anwendungen gezielt Maß zu schneidern. Dies kann beispielsweise zur Modifikation der thermomechanischen Eigenschaften sein oder auch für koloristische Zwecke und erfolgt durch die Zugabe spezieller Additive (z. B. Wärmestabilisatoren, Farbpigmente, Entformungshilfsmittel, Schmierstoffe, Nukleierungsmittel, Flammschutzzusätze) oder auch Füll- und Verstärkungsstoffe.

Die Tatsache, dass sich Kunststoffe für Anwendungen zielgerichtet Maß schneidern lassen, macht sie technisch interessant und vielseitig. Hierbei ist allerdings auch klar zu erkennen und gegebenenfalls zu berücksichtigen, dass es für die Kunststoffe keinen dem „Stahlschlüssel" vergleichbare Normung gibt. Nominell als einheitlich angebotene Kunststoffe von verschiedenen Lieferanten müssen nicht identisch sein und sind deshalb oft nicht gegenseitig austauschbar. Damit lassen sich Kunststoffe nur eindeutig nach ihrer kompletten Formmasse-Nomenklatur des jeweiligen Rohstoffherstellers, unter zusätzlicher Berücksichtigung der von ihm verwendeten Farb-Nomenklatur, identifizieren; Tabelle 1.

Tabelle 1:   Bezeichnung einer handelsüblichen, in der Masse eingefärbten Formmasse

Formmasse	Kunststoff
ULTRAMID A3WG6 schwarz 564 *)	PA66-GF30, wärmestabilisiert, schwarzfarben (Farbrezeptur 564 BASF)

*) Rohstoffhersteller: BASF AG

Eine Additivierung der Kunststoffe ist in den handelsüblichen, verarbeitungsfertigen Formmassen der Rohstoffhersteller meist komplett enthalten. In diesen Fällen liegen die Zusatzstoffe dann in der Regel homogen dispergiert in der Kunststoffmatrix vor.

Zusatzstoffe können aber auch durch so genannte Masterbatches, sei es zur Nukleierung oder beispielsweise zur Erzeugung einer bestimmten Farbe, im Verarbeitungsprozess beigegeben werden. In dem Fall ist dann nach der Art, der Konzentration, der Kompatibilität und der Dispergierung des jeweiligen Zusatzstoffes zu fragen; Tabelle 2.

Die technische Auswahl der Kunststoffe für eine jeweilige Anwendung erfolgt unter dem Gesichtspunkt ihres werkstofflichen Leistungsvermögens und ihrer verarbeitungstechnischen Eigenschaften. Für eine Verarbeitung eines linearen Polymers aus der Schmelze sind seine Schmelzeviskosität bei entsprechender Schergeschwindigkeit und

Tabelle 2: Bezeichnung einer handelsüblichen Formmasse, eingefärbt mit Farbkonzentrat

Formmasse	Masterbatch	Kunststoff
HOSTAFORM C9021 *)	1,5 Gew. % UN 0051 **)	POM-Copolymer (MFR: 9 g/10 min) +1,5 Gew % Universalfarbkonzentrat schwarz 0051

*) Rohstoffhersteller: TICONA GmbH

**) Farbkonzentrathersteller: Color-Service GmbH & Co. KG

die Ausprägung des strukturviskosen Verhaltens der Schmelze maßgeblich. Struktur-viskos bedeutet dabei, dass die Viskosität eines polymeren Werkstoffs in der Schmelze abhängig ist von der wirksamen Schergeschwindigkeit und mit zunehmender Scher-geschwindigkeit überproportional abfällt.

Das erreichbare Fließweg-Wanddickenverhältnis, das die Füllbarkeit einer gegebenen Formteilkavität beschreibt, resultiert aus den schmelzerheologischen Daten des Poly-mers.

Langkettige Polymere mit einer hohen Molmasse besitzen günstige Festigkeitseigen-schaften, aber auch eine hohe Schmelzeviskosität und damit verbunden eine geringe Fließfähigkeit ihrer Schmelze. Entsprechend den fertigungstechnischen Erfordernis-sen werden deshalb typgleiche Kunststoffe mit unterschiedlichen Fließfähigkeiten an-geboten. Die schlussendliche Werkstoffauswahl erfordert meist einen Kompromiss zwischen den werkstofftechnischen Anforderungen und verarbeitungstechnischen Hinlänglichkeiten. Nur unter werkstoff- und recyclingtechnischen Gesichtspunkten käme ausschließlich ein hochviskoser Kunststoff für eine Materialauswahl in Betracht.

1.2   Verarbeitung der thermoplastischen Kunststoffe

Die Thermoplaste, d. h. die unvernetzten Kunststoffe, lassen sich im erweichten Zu-stand warmformen oder aus der Schmelze extrudieren, blasformen und spritzgießen.

Im Falle einer Schmelzverarbeitung der Kunststoffe handelt es sich um einen Urform-prozess, bei dem sowohl Formteilgeometrie als auch die zugehörige Werkstoffqua-lität gleichermaßen ausgebildet werden. Die im Formteil vorliegende Werkstoffqua-lität muss nicht zwangsläufig mit der Ausgangsqualität des verwendeten Kunststoffs übereinstimmen, da das Polymer durch den Vorbehandlungs- und Verarbeitungspro-zess nachhaltig verändert worden sein kann. Des Weiteren ist die Geometrie eines durch Spritzgießen hergestellten Kunststoffformteils um seine Verarbeitungsschwin-dung kleiner als die formgebende Werkzeugkontur.

Die zu beobachtende Verarbeitungsschwindung wird grundsätzlich durch die Art des eingesetzten polymeren Werkstoffs (amorph oder teilkristallin) bestimmt, auch durch die Art und Menge der zugegebenen Füll- und/oder Verstärkungsstoffe.

Eine unterschiedliche Nukleierung desselben, teilkristallinen Polymers führt bei einheitlichen Verarbeitungsbedingungen zu geometrischen Toleranzen. Dies gilt gleichermaßen, wenn eben dieses Polymer bei gleicher Nukleierung unterschiedliche Verarbeitungsbedingungen erfährt.

1.2.1   Einflüsse auf die Formteilqualität

Um im Falle von Kunststoffprodukten deren Qualität diskutieren zu können, bedarf es stets einer ganzheitlichen Betrachtung. Wie Bild 5 zeigt, besteht bei einem spritzgegossenen Formteil ein komplexer Zusammenhang für die erreichbare Formteilqualität; die Geometrie des Formteils und die darin vorliegende Gefügestruktur und werkstoffliche Güte entstehen nämlich in einem gemeinsamen Arbeitsschritt, es sind folglich für eine Bewertung der endgültigen Produktqualität alle wirksamen Einflussfaktoren zu würdigen.

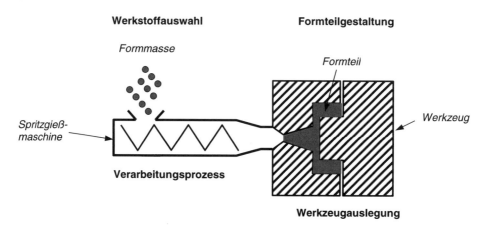

Bild 5: Einflussfaktoren bei der Herstellung von Formteilen aus thermoplastischen Kunststoffen

Mehrere Einflussfaktoren, als da sind die Werkstoffauswahl, die Formteilkonstruktion, die Werkzeugkonstruktion und -auslegung – auch der Verarbeitungsprozess – wirken gemeinsam und bedingen schließlich das hergestellte Formteil in seiner Geometrie und Toleranz, aber auch werkstofflichen Güte.

Bild 6: Einflussmöglichkeiten auf die Formteileigenschaften

Das bedeutet für eine Qualitätssicherung, dass zur Charakterisierung der erzeugten Formteilqualität, bei gegebener Konstruktion, sowohl der Grundwerkstoff (polymere Formmasse) als auch die Prozessbedingungen, welche während der Schmelzeverarbeitung für die schlussendlichen Eigenschaften im Formteil verantwortlich sind, beurteilt werden müssen; Bild 6.

Insbesondere bei teilkristallinen Kunststoffen ist die optimale Ausbildung der inneren Gefügestrukturen des verarbeiteten Polymerwerkstoffs beim Abkühlen seiner Schmelze während der Formteilfertigung auf die Entformungstemperatur für die Endeigenschaften des hergestellten Produkts und damit letztlich für die Formteilqualität entscheidend. Aus dem Zusammenwirken von mikroskopischen und makroskopischen Struktureigenschaften eines Polymerwerkstoffs werden sein Eigenschaftsprofil und die jeweilige Leistungsfähigkeit im Formteil festgelegt.

Die Art und Größe der Kristalllamellen (mikroskopische Morphologie) und die, bei gegebenen thermodynamischen Bedingungen, ausgebildete Überstruktur (makroskopische Morphologie) – sphärolithisch oder Shish-Kebab – des teilkristallinen Polymerwerkstoffs bilden das Werkstoffgefüge des Formteils und damit seine Qualitätseigenschaften; Bilder 7 und 8. Insofern ist die Kenntnis der fertigungsinduzierten Morphologie eines Formteils für seine umfassende Qualitätsbeschreibung von besonderer Bedeutung.

Die DSC-Prüfung als integral messendes Verfahren ist grundsätzlich geeignet, diese strukturanalytische Aufgabenstellung zu lösen. Hieraus leitet sich ihre Bedeutung als ein unverzichtbares Hilfsmittel zur Qualitätssicherung und Schadensanalytik von industriell gefertigten Formteilen ab.

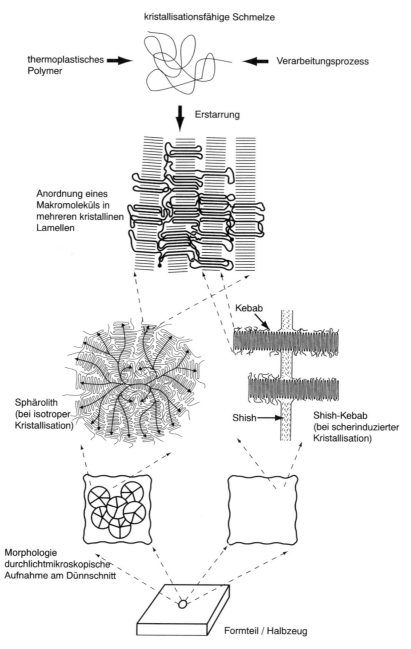

Bild 7: Struktureller Aufbau eines Formteils aus teilkristallinem Kunststoff (schematisch)

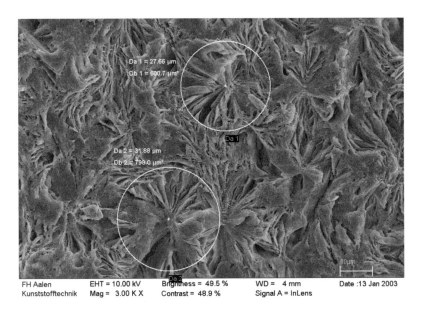

Bild 8: Elektronenmikroskopische Aufnahme einer sphärolithischen Überstruktur (Werkstoff: copolymeres POM naturfarben, 10 Minuten in Salzsäure geätzt)

1.3 Anforderungen an die Prüftechnik für Kunststoffe und Formteile

Moderne Kunststoffformteile sind zunehmend komplexe, hoch beanspruchte Teile, die vorwiegend in klein- und mittelständischen Unternehmen der Kunststofftechnik gefertigt werden. Wegen des Leichtbaus und aufgrund wirtschaftlicher und ökologischer Überlegungen (Ressourcenverbrauch) erfahren diese Teile heute einen hohen Ausnutzungsgrad. Deswegen verbleiben nur noch geringe Sicherheitsreserven für das Teil.

Es ist deshalb wichtig, zunächst festgelegte Werkstoffe zu identifizieren und zu verifizieren. Mögliche Schwankungen in der Werkstoffqualität, Materialverwechslungen, Änderungen bei der Additivierung oder im Farbpigment, auch Eigenschaftsveränderungen im Polymer durch die Schmelzeverarbeitung der Kunststoffformmasse zum Formteil, können weitere Ursachen für eine unzureichende Produktgüte und, damit verbunden, potenziell auftretende Schadensfälle im späteren Einsatz darstellen. Diese Unzulänglichkeiten müssen einfach und frühzeitig erkannt und damit vermieden werden können. Deshalb benötigt die Industrie heute schnelle und aussagefähige, auch automatisierbare Qualitätssicherungsverfahren zur Beschreibung der Güte der verarbeiteten Kunststoffformmassen und der daraus hergestellten Teile.

1.4   Prüfverfahren für kunststofftechnische Fragestellungen

Die Qualifizierung von Kunststoffen und der daraus gefertigten Formteile benötigt eine adaptierte Prüftechnik, welche die molekularen, rheologischen und viskoelastischen Eigenschaften der Polymere erfassen und quantifizieren kann.

Die Infrarotspektroskopie (IR) lässt Polymere identifizieren, die Gelpermeationschromatographie (GPC) kann die Molmasse und Molmassenverteilung eines Polymers bestimmen, im Falle hoch- und höchstmolekularer Produkte ist jedoch die schmelzerheologische Untersuchung mittels Rotationsrheometer der GPC für diesen Zweck überlegen. Aus der Lösungsviskosität können im Falle einfach löslicher Polymere ebenfalls Rückschlüsse auf die Molmasse oder auf etwaige Veränderungen der Molmasse geschlossen werden.

Das Fließverhalten der Polymere in verarbeitungstechnisch relevanten Schergeschwindigkeitsbereichen lässt sich mittels der Kapillarviskosimetrie feststellen. Als Ergebnisse finden sich Viskositätskurven, die die Strukturviskosität der untersuchten Polymere für unterschiedliche Temperaturen beschreiben oder Einzelpunktmesswerte bei definierten Prüfbedingungen (MFR).

Polymere besitzen viskoelastische Eigenschaften, d. h. sie verhalten sich zeit- und temperaturabhängig unterschiedlich. Dies hat zur Folge, dass sowohl deren rheologische (fließtechnische) Eigenschaften als auch deren Festkörpereigenschaften in Abhängigkeit der Temperatur und Beanspruchungsfrequenz zu betrachten sind. Für den Festkörper sind deshalb die quasistatische, die kurzzeitige, nämlich schlagartige Belastung, die langzeitige und auch die dynamische Belastung auf Lebensdauer zu unterscheiden, wobei die Belastungsart jeweils Zug, Druck, Biegung oder Schub sein kann.

Für die Ermittlung der thermischen Eigenschaften von Polymeren dienen die Verfahren der Thermischen Analyse, als da sind die Dynamische Differenzkalorimetrie (DSC), die Dynamisch-Mechanische Analyse (DMA), die Thermogravimetrie (TGA) und die Dilatometrie oder thermomechanische Analyse (TMA). Sie liefern Aussagen zum kalorischen, thermomechanischen, thermogravimetrischen und zum Wärmeausdehnungsverhalten.

Das äußere Erscheinen von Polymeren und der daraus gefertigten Formteile lässt sich durch visuelle und lichtmikroskopische Untersuchung im Auflicht auch mit Hilfe der Rasterelektronenmikroskopie erfassen.

Innere Fehlstellen in polymeren Proben detektieren zerstörungsfreie Prüfverfahren; flächig bildgebend ist die Röntgendurchstrahlungsprüfung oder Computertomografie (CT), die Ultraschallprüfung arbeitet hingegen punktuell.

Die mikroskopische Gefügestruktur polymerer Werkstoffe lässt sich dagegen an Dünnschnitten in durchlichtmikroskopischen Untersuchungen mit dem Licht- bzw. Trans-
elektronenmikroskop (TEM) feststellen, wobei die erforderlichen Dünnschnitte mittels
Mikrotom oder Ultramikrotom hergestellt werden.

Neben den bereits erwähnten Prüfverfahren für Kunststoffe existieren noch eine Reihe
von Prüfungen, die der Ermittlung der chemischen, elektrischen, physikalischen und
sonstigen Eigenschaften dienen.

1.5   Thermische Analyse

Der Begriff Thermische Analyse dient als Oberbegriff für verschiedene Prüfverfahren,
mit denen allgemein physikalische oder chemische Eigenschaften einer Substanz, eines
Substanzgemisches und/oder von Reaktionsgemischen als Funktion der Temperatur
oder der Zeit gemessen werden. Dabei unterliegt die zu untersuchende Probe einem
kontrollierten Temperaturprogramm. Die Dynamische Differenzkalorimetrie zählt als
ein wichtiges Verfahren dazu. Sie erfordert eine relativ einfache Probenpräparation
und bedarf nur einer sehr geringen Probenmenge (wenige Milligramm); sie misst ver-
hältnismäßig schnell, ist im begrenzten Maß auch automatisierbar und interessanter-
weise insgesamt in der Lage, viele der eingangs beschriebenen, qualitätstechnischen
Prüfaufgaben bereits weitgehend zu lösen. Deshalb erscheint die DSC-Prüfung als ein
wichtiges Prüfverfahren für die kunststofftechnische Industrie mit hohem Informationsgehalt. Die DSC-Prüfung kann in der Kunststofftechnik sowohl in der Eingangs-
kontrolle, als auch bei der Entwicklung, Herstellung, Qualitätssicherung und Schadensanalyse von Formteilen eingesetzt werden und ist dementsprechend als Prüfmethode
für ein praxisorientiertes und erfolgreiches Qualitätsmanagement unverzichtbar.

Eine systematische Darstellung, die die tatsächlichen Anwendungsmöglichkeiten und
-grenzen der DSC-Prüfung für die Lösung praxisorientierter, kunststofftechnischer
Fragen belegt, auch ein geeignetes methodisches Vorgehen beschreibt, fehlte bislang
weitgehend.

Bei der herkömmlichen Qualitätsbetrachtung von technischen Formteilen aus Kunststoffen blieb bislang die Bewertung der im Verlauf der Fertigung ausgebildeten werkstofflichen Gefügestruktur im Formteil nahezu unberücksichtigt. Gerade das Werkstoffgefüge bestimmt jedoch ganz wesentlich die geometrisch erreichbaren Toleranzen eines Formteils, sein zeit- und temperaturabhängiges Veränderungspotenzial und
ebenso die mechanischen Gebrauchseigenschaften des erzeugten Produkts. Die Erfassung der Gefügeeigenschaften von Proben für die Beurteilung ihrer anwendungstechnischen Qualität ist folglich enorm wichtig.

Die Dynamische Differenzkalorimetrie (DSC) erfasst in ihrem Untersuchungsergebnis sowohl die morphologischen Strukturen des geprüften Formteils und seines Werkstoffs (Strukturgüte) und identifiziert gleichzeitig den vorliegenden Werkstoff.

Hierin begründet sich die Signifikanz der DSC-Prüfung als wichtiges Verfahren für die praktische Kunststofftechnik.

Die vorliegenden Ausführungen beabsichtigen, die methodischen Anwendungsmöglichkeiten und Grenzen der DSC-Prüfung in der Werkstoffanalytik, für die Qualitätserfassung von Kunststoffformmassen, Formteilen und Halbzeugen aus bevorzugt teilkristallinen, technischen Kunststoffen darzustellen. Es werden prüfmethodische Empfehlungen für den erfolgreichen Einsatz des Verfahrens in der Kunststofftechnik bei den folgenden Fragestellungen gegeben:

- Einflussfaktoren und Fehlermöglichkeiten

    - bei der Präparation von DSC-Proben,

    - bei der Durchführung der DSC-Prüfung und

    - auf das DSC-Ergebnis

- Einsatzmöglichkeiten in der Wareneingangskontrolle

    - Unterscheidung von Kunststofftypen

    - Detektion von Chargenunterschieden bei Formmassen

    - Detektion von Additiven und Füllstoffen

    - Detektion des Abbauverhaltens von Kunststoffen

- Einsatzmöglichkeiten in der Fertigungskontrolle/Qualitätsüberwachung

    - Detektion des Einflusses der Verarbeitungsbedingungen auf die Werkstoffgüte

    - Charakterisierung der Formteilqualität

Die beschriebenen Untersuchungsmethodiken für eine adaptierte und optimierte Werkstoffanalytik – auch Qualitätssicherung von Formteilen aus Kunststoffen – wurden ausgehend von Proben, welche unter definierten Prozessbedingungen im Technikum hergestellt waren, entwickelt und kalibriert und anschließend an Formteilen aus der industriellen Praxis überprüft und verifiziert. Die Bewertung der Aussagefähigkeit der DSC-Messungen erfolgte dabei stets durch Vergleich der erzielten Ergebnisse mit Ergebnissen begleitender Untersuchungen mit anderen Prüfverfahren (z. B. rheologische Messungen, Lösungsviskosimetrie, Messung der Schwindung, Festigkeitsuntersuchungen, mikroskopische Gefügeuntersuchungen an Dünnschnitten).

Für die dargestellten DSC-Untersuchungen wurde ein Tieftemperatur-Kalorimeter des Typs DSC 821^e mit Flüssigstickstoffkühlung der Firma Mettler-Toledo eingesetzt.

Das vorliegende Buch versucht, basierend auf praktischen, anwendungstechnischen Erfahrungen, die vielfältigen Einsatzmöglichkeiten der DSC-Prüfung für werkstofftechnische Untersuchungen und Problemlösungen in Verbindung mit der Qualitätssicherung von thermoplastischen Kunststoffteilen geeignet darzulegen. Es wäre wünschenswert, wenn die dargestellten Ergebnisse zur Weiterentwicklung und Optimierung der Werkstoffanalytik und des Qualitätsmanagements in der Kunststofftechnik beitragen könnten und letztlich helfen, die Wettbewerbsfähigkeit dieser Industrie in die Zukunft zu sichern.

Bei all der dargelegten Euphorie für die DSC-Prüfung bleibt dennoch stets zu berücksichtigen, dass das Verfahren nur Effekte zu detektieren erlaubt, die mit einer Wärmetönung einhergehen, also durch kalorimetrische Messung bestimmbar sind. Andere Effekte lassen sich mit Hilfe der DSC-Prüfung nicht erkennen. Deshalb existieren neben diesem Verfahren durchaus noch eine Vielzahl anderer Verfahren, die bereits angesprochen wurden, die ebenfalls spezifisch aussagefähig sind und ergänzende Messergebnisse und Erkenntnisse liefern. Diese anderen Verfahren sind in jedem Fall auch hilfreich bei der Charakterisierung der Kunststoffe und dürfen für eine Problemlösung nicht außer Betracht bleiben.

1.5.1   Kalorische Effekte in Kunststoffen

Kalorische Effekte in untersuchten Kunststoffen können sich durch eine sprunghafte Änderung der spezifischen Wärmekapazität einer Probe ergeben oder in endothermen oder exothermen Umwandlungsprozessen begründet sein; Bild 9.

In Anlehnung an die DIN-Norm werden im Folgenden generell alle endothermen Effekte (Vorgänge, die Energie aufnehmen) positiv dargestellt und die exothermen Effekte (Vorgänge, bei denen Energie freigesetzt wird) negativ.

Die spezifische Wärmekapazität einer Probe ändert sich beim Erreichen ihrer Glasübergangstemperatur sprunghaft, hervorgerufen durch die eingetretene physikalische Strukturänderung. Schmelz- und Verdampfungsvorgänge sind endothermer Natur, eine Probe benötigt zusätzliche Energie, um aufgeschmolzen bzw. verdampft werden zu können, oder dass sich molekulare Ordnungszustände auflösen lassen (Enthalpierelaxationen am Glasübergang). Damit kann die DSC-Untersuchung bei amorphen Kunststoffen deren Glasübergangstemperatur infolge der hier eintretenden Wärmeka-

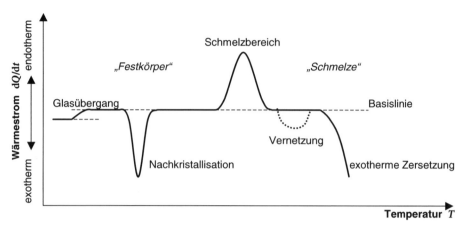

Bild 9:   Kalorische Effekte bei Kunststoffen

pazitätsänderung feststellen, auch mögliche überlagerte Enthalpierelaxationen detektieren, ein dezidierter Schmelztemperaturbereich lässt sich hier hingegen nicht messen. Anders als bei den teilkristallinen Kunststoffen existiert keine geordnete, kristalline Phase, welche im jeweiligen Schmelztemperaturbereich erst aufgelöst werden muss, bevor der Kunststoff vollkommen in den dann amorphen, fließfähigen Schmelzezustand mit geringer Viskosität überführt ist.

Kristallisationsvorgänge bedeuten eine Zunahme im molekularen Ordnungszustand der polymeren Werkstoffe und verlaufen deshalb exotherm. Beim Übergang vom ungeordneten in einen mehr geordneten Zustand eines Kunststoffs, was bei kristallisationsfähigen Polymeren infolge Nachkristallisation im Festkörperzustand oder auch beim Wechsel vom flüssigen in den festen Zustand erfolgen kann, wird Wärme freigesetzt und entsprechend als exothermer Prozess detektiert. Exothermien lassen sich auch im Falle einer Vernetzung oder beispielsweise oxidativen Zersetzungsreaktionen beobachten.

Die Untersuchung amorpher Kunststoffe mittels DSC liefert entsprechend den vorangegangenen Ausführungen verständlicherweise nur wenige Erkenntnisse; einzig die Glasübergangstemperatur und etwaige überlagerte, thermische Effekte sind möglicherweise bestimmbar. Auch ein Glasübergang ist manchmal nur schwierig detektierbar, insbesondere wenn nur eine sehr kleine Probenmasse vorliegt oder die Empfindlichkeit des Messgerätes eingeschränkt ist.

Insofern wird schnell einsichtig, dass die DSC-Prüfung ein bevorzugtes Untersuchungsverfahren für teilkristalline Kunststoffe und vernetzungsfähige Polymere ist.

2 Dynamische Differenzkalorimetrie (DSC)

Die Dynamische Differenzkalorimetrie (*englisch*: Differential Scanning Calorimetry (DSC)) ist ein Verfahren der Thermischen Analyse. Die DSC misst die spezifische Wärme einer Probe in Abhängigkeit von der Temperatur.

2.1 Prinzip

Kalorimetrie bedeutet die Messung von Wärmemengen und befasst sich mit den Energiebeträgen, die als Wärme Q in einer Probe umgesetzt werden. Bei chemischen oder physikalischen Umwandlungen eines Stoffes, wie im Falle von Schmelz- oder Kristallisationsvorgängen, wird Energie H aufgenommen (= endothermer Prozess) oder abgegeben (= exothermer Prozess). Die zugehörigen Wärmeströme werden als Funktion der Temperatur T oder der Zeit gemessen. Dafür wird im einfachsten Fall die Temperaturdifferenz ΔT zwischen der Probe und einer Referenz bestimmt, während beide ein vorgegebenes Temperatur-Zeit-Programm mit konstanter Heizrate durchlaufen; Bild 10.

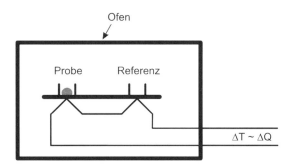

Bild 10: Schematische Darstellung des Grundprinzips der Dynamischen Differenzkalorimetrie (DSC)

Die spezifische Wärmekapazität bei konstantem Druck c_p gibt an, um welchen Betrag die Enthalpie H ansteigt, wenn ein Stoff eine Temperaturänderung ΔT um 1 Kelvin erwärmt wird; Gleichung (1).

$$c_p = \frac{\Delta H}{\Delta T} * \frac{1}{m} = \frac{\Delta Q}{\Delta T} * \frac{1}{m} \tag{1}$$

Da c_p eine Funktion der Temperatur ist, werden in dieser Gleichung besser die Differentialquotienten dH/dT und dQ/dT eingeführt; Gleichung (2):

$$c_p = \frac{dH}{dT} * \frac{1}{m} = \frac{dQ}{dT} * \frac{1}{m} = \frac{\dot{Q}}{\dot{T}} * \frac{1}{m} \tag{2}$$

Hieraus folgt

$$c_p \approx \frac{\dot{Q}}{m} = \dot{q} \qquad \text{bei } \dot{T} = \text{konst.} \tag{3}$$

wobei $\dot{q}$ den spezifischen Wärmefluss und m die Probenmasse beschreiben.

Da die Wärmemenge Q in Joule nur schwer gemessen werden kann, messen Kalorimeter meist die elektronische Leistung in Watt als dem Wärmestrom proportionale Messgröße.

Bei einem dynamischen Differenzkalorimeter besteht die Messzelle aus einem Ofen mit einer integrierten, gut wärmeleitenden Metallscheibe, in welche wiederum Temperatursensoren an den Tiegelpositionen für Probe und Referenz integriert sind. Der gesamte Ofenraum kann gezielt mit Gas gespült werden, um eine definierte, inerte oder reaktive Ofenatmosphäre zu erreichen. In der Regel wird Stickstoff als Inertgas verwendet, die Spülung mit Luft oder Sauerstoff dagegen erlaubt eine oxidative Reaktionsatmosphäre. Auf der Metallscheibe werden Probe und Referenz, jeweils eingebracht in einem Tiegel, symmetrisch platziert; die Referenzprobe ist dabei meist ein leerer Tiegel, und die Probentiegel sind mehrheitlich solche aus Aluminium.

Die Temperaturen der beiden Tiegel werden im Verlauf einer DSC-Prüfung kontinuierlich gemessen. Sind die Wärmeströme im Ofen von und zur Probe und Referenz während des Aufheizens bzw. Abkühlens gleich, dann ist auch die Temperaturdifferenz zwischen den Messstellen gleich null. Findet während einer Messung eine physikalische oder chemische Umwandlung in der Probe statt, dann unterscheidet sich der Wärmestrom zwischen Ofen und Probe zu dem zwischen Ofen und Referenz. Die auftretende Temperaturdifferenz indiziert die Wärmestromänderung und ist dem relativen Wärmestrom proportional.

Als Bezugstemperatur bei DSC-Messungen dient meist die Temperatur der Referenzprobe. Idealerweise sollte allerdings als Bezugstemperatur die Probentemperatur herangezogen werden, diese ist jedoch abhängig von den Umwandlungsreaktionen, daher wird vielfach die Referenztemperatur verwandt. In Bild 11 sind Temperaturverläufe von Probe und Referenz dargestellt, wenn die Probe schmilzt und beide, Probe und Referenz, mit einer konstanten Heizrate (linear ansteigende Ofentemperatur) aufgeheizt werden.

Die Auswirkung der gewählten Bezugstemperatur auf die Gestalt der DSC-Messkurve und schließlich auf die Ermittlung von Umwandlungstemperaturen ist in Bild 12 dargestellt. Hieraus wird ersichtlich, dass die Messkurve, welche die Temperaturdif-

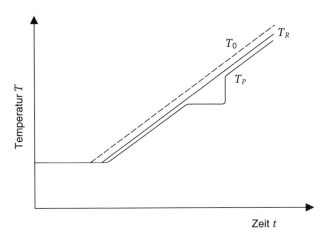

Bild 11: Idealisierte Temperatur-Zeit-Verläufe beim Schmelzen einer reinen Substanz, Ofentemperatur (T_0), Probentemperatur (T_P) und Referenztemperatur (T_R)

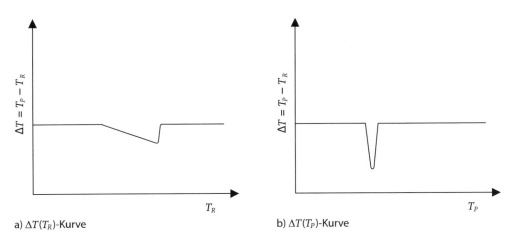

a) $\Delta T(T_R)$-Kurve   b) $\Delta T(T_P)$-Kurve

Bild 12: DSC-Kurvenverläufe in Abhängigkeit der Bezugstemperatur; Temperaturdifferenz (ΔT), Probentemperatur (T_P) und Referenztemperatur (T_R)

ferenz zwischen Probe und Referenzprobe in Abhängigkeit der Referenztemperatur (Bild 12a) darstellt, die Umwandlungseffekte vergleichsweise empfindlicher anzeigt als die Temperaturdifferenz-Probentemperatur-Kurve (Bild 12b).

2.2   Messmethodik

Um die spezifischen Materialeigenschaften und die thermische Vorgeschichte einer Probe – in diesem Fall einer teilkristallinen Kunststoffprobe – zu untersuchen, wird die Probe üblicherweise zweimal mit einer definierten Heizrate über den Schmelzpunkt aufgeheizt und einmal abgekühlt. In Bild 13 sind die drei Messzyklen – 1. Aufheizung, 1. Abkühlung und 2. Aufheizung – schematisch dargestellt.

Um den Schmelz- bzw. den Kristallisationsvorgang eines teilkristallinen Polymers vollständig erfassen und beobachten zu können, sollte die Probe mindestens 20 °C über den erwarteten thermischen Endeffekt aufgeheizt werden. Eine zu hohe Endtemperatur kann eine ungewollte Zersetzung des Polymers hervorrufen. Im einfachsten Fall wird deshalb die Endtemperatur der zu untersuchenden Probe – bei bekannter Kunststoffart gleich deren Schmelzeverarbeitungstemperatur – gewählt. Die Starttemperatur sollte mindestens 50 °C unterhalb des ersten zu erwartenden Effektes liegen.

Bei amorphen Kunststoffproben tritt kein Schmelzen von kristallinen Bereichen auf und auch kein Kristallisieren; Bild 14. Dementsprechend besitzen amorphe Kunststoffe auch keine definierte Schmelztemperatur, und es ist deshalb ausreichend, die Probe bis zirka 50 °C über ihre Glasübergangstemperatur zu erhitzen. Anschließend wird die Probe aus dem erweichten Bereich bis etwa 50 °C unterhalb ihrer Glasübergangstemperatur definiert abgekühlt, um anschließend ein zweites Mal über die Glasübergangstemperatur erwärmt zu werden.

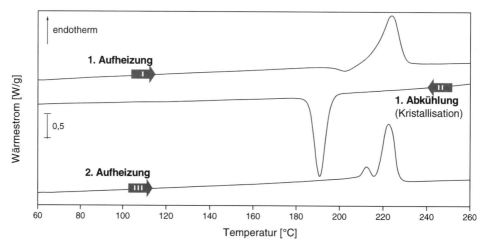

Bild 13: Thermogramm der DSC-Untersuchung einer teilkristallinen Kunststoffprobe (Polybutylenterephthalat PBT, naturfarben) mit den Messzyklen 1. Aufheizung, 1. Abkühlung und 2. Aufheizung

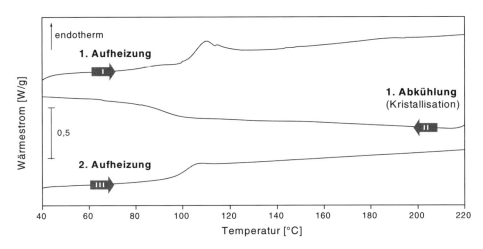

Bild 14: Thermogramm der DSC-Untersuchung einer amorphen Kunststoffprobe (Polystyrol PS, natur-farben) mit den Messzyklen 1. Aufheizung, 1. Abkühlung und 2. Aufheizung

Eine für die Durchführung der DSC-Untersuchung geeignete Heiz- bzw. Kühlrate hängt von dem wünschenswerterweise zu messenden Effekt ab. Für Schmelz- und Kristalli-sationsuntersuchungen empfehlen zahlreiche Literaturstellen eine Heiz-/Kühlrate von 10 K/min. Nach eigenen Erfahrungen, auch angesichts einer Reduzierung der Messzeit, hat sich in vielen Fällen eine Heiz-/Kühlrate von 20 K/min bewährt. Bei dieser Heizge-schwindigkeit erfolgt noch keine besondere Überlagerung der messbaren, thermischen Effekte, die Signal-Peaks können noch ausreichend getrennt erfasst werden, und die Gesamtmesszeit verringert sich vergleichsweise um 50 % auf die Hälfte, was damit einen höheren Probendurchsatz und eine wirtschaftlichere Probenmessung erlaubt.

Bild 15 zeigt ein Temperatur-Zeit-Messprogramm, eine so genannte Messmethode, für die DSC-Untersuchung des Schmelz- und Kristallisationsverhaltens von polymeren Proben aus Polybutylenterephthalat (PBT) als Beispiel.

Üblicherweise wird die mittels DSC zu untersuchende Probe zu Beginn und am Ende jedes Messzyklus für eine kurze Zeit isotherm belassen. Diese Isothermphasen dienen dem Temperaturausgleich in der Probe und dem Herstellen definierter thermischer Ausgangskonditionen. Im vorliegenden Beispiel betragen die Phasen konstanter Tem-peratur (Isothermphasen) einheitlich 3 Minuten, wodurch sichergestellt wird, dass die Probe vor der ersten Aufheizphase die gewünschte, homogene Starttemperatur besitzt und sich somit im thermischen Gleichgewicht befindet. Anschließend erfolgt eine dynamische Aufheizphase mit definierter Heizrate (20 K/min) bis zur gewählten Endtemperatur (hier: 280 °C). Nach Erreichen der Endtemperatur schließt sich erneut eine kurzzeitige, isotherme Phase an, die der vollständigen Relaxation der Kunststoff-

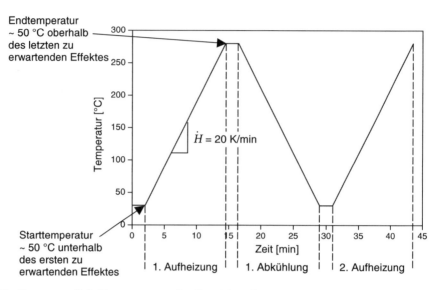

Bild 15: Temperatur-Zeit-Messprogramm für die DSC-Analyse einer PBT-Probe (empfohlene Verarbeitungstemperatur = 250–280 °C, Glasübergangstemperatur = 50 °C)

schmelze dient. Danach wird die Probe wiederum mit definierter Kühlrate bis zur Anfangstemperatur abgekühlt. Der Messzyklus wiederholt sich dann; Bild 15.

Sollen DSC-Messungen vergleichbar sein, müssen diese stets mit einem einheitlich gewählten Temperatur-Zeit-Messprogramm (einheitliche Messmethode) durchgeführt werden. Die im Folgenden genannten Messparameter nehmen Einfluss auf das ermittelte DSC-Ergebnis:

- Starttemperatur

- Endtemperatur

- Isothermphasen

- Heizrate

- Ofenatmosphäre

- Tiegelart/-größe

- Probenmasse/-geometrie

Die Auswirkungen dieser Messparameter auf das DSC-Ergebnis werden in Kapitel 2.5 eingehend erläutert.

2.3   Auswertung

Das DSC-Thermogramm, die Messkurve einer Probe, zeigt den Wärmestrom des untersuchten Prüflings im betrachteten Temperaturbereich als Funktion der Temperatur. Beobachtbare Abweichungen der Kurve von ihrer Basislinie können thermischen Umwandlungen endothermer (positiv) oder exothermer (negativ) Art zugeordnet werden. Sprunghafte Änderungen im Thermogramm werden durch Glasübergänge hervorgerufen, hier ändert sich die spezifische Wärmekapazität einer Probe sprunghaft und entsprechend dann auch die DSC-Kurve.

Die Auswertung und Beschreibung einer DSC-Messkurve erfolgt mit Hilfe geeigneter Software der Messgerätehersteller, indem die ermittelten, kalorischen Effekte (Bild 16 und 17) quantitativ erfasst werden. Grundsätzlich ist zu beachten, dass die Temperaturgrenzen (Auswertegrenzen) für die Auswertung der Kennwerte von DSC-Kurven einer untersuchten Probe so zu wählen sind, dass der absolute Temperaturbereich bei den Schmelz- und Kristallisationskurven gleich ist ($\Delta T_m = \Delta T_K = T_{\text{obere Grenze}} - T_{\text{untere Grenze}}$).

Die DSC-Prüfung erlaubt die Identifizierung und Charakterisierung von amorphen und teilkristallinen Kunststoffproben durch die Bestimmung ihrer spezifischen Materialkennwerte und ihrer jeweiligen thermischen Vorgeschichte. Aussagen über die thermische Vorgeschichte der untersuchten Proben lassen sich aus dem quantitativen Vergleich der kalorischen Ergebnisse der 1. und 2. Aufheizung treffen. Die 2. Aufheizung und die Abkühlung (Kristallisation) beschreiben die werkstoffspezifischen Eigenschaften nach einheitlicher thermischer Vorgeschichte; Bild 18.

Mögliche kalorische Effekte, die bei einer DSC-Analyse von polymeren Werkstoffen auftreten können, lassen sich sehr anschaulich anhand des Thermogramms einer „amorphen" Probe aus Polyethylenterephthalat (PET) erläutern, Bild 19, wie sie beispielsweise einer Getränkeflasche für kohlensäurehaltige Getränke entnommen werden kann.

In der DSC-Kurve zeigt sich bei zirka 80 °C ein sehr ausgeprägter, endothermer Glasübergang. Die Glasübergangsstufe kennzeichnet den Übergang der polymeren Probe vom glas- oder energieelastischen in den gummi- oder entropieelastischen Zustand. Unterhalb der Glasübergangstemperatur befinden sich die makromolekularen Ketten des Polymers im so genannten „eingefrorenen" Zustand. Mit dem Überschreiten der Glasübergangstemperatur nimmt die Kettenbeweglichkeit zu, die amorphen Anteile eines Polymers unterliegen jetzt einer thermisch induzierten Fluktuation, verbunden mit einer Zunahme des freien Volumens.

Die Kenntnis der Glasübergangstemperatur erlaubt bei amorphen Kunststoffen somit Aussagen über deren Erweichungstemperatur und in der Folge über die maximal

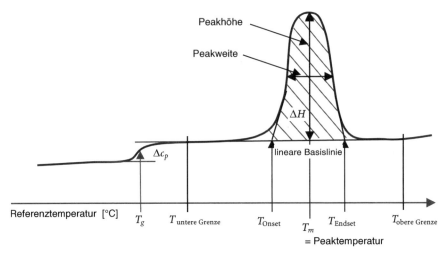

Bild 16: Charakteristische Kennwerte einer monomodalen DSC-Kurve

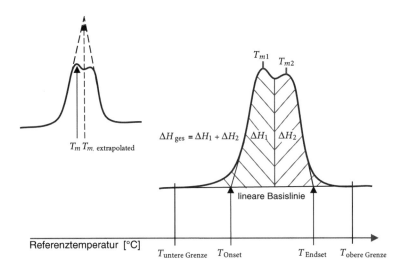

Bild 17: Charakteristische Kennwerte einer bimodalen DSC-Kurve

zulässige Gebrauchstemperatur im Einsatz. Im Falle der teilkristallinen Kunststoffe beschreibt die Glasübergangstemperatur den Übergang vom spröden zum duktilen (zäh-harten) Verformungsverhalten.

Die Ausprägung und Temperaturlage des Glasübergangs hängen stark von den vorausgegangenen Abkühlbedingungen, also der thermischen Vorgeschichte, ab. Außerdem

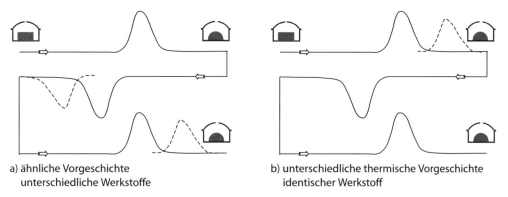

a) ähnliche Vorgeschichte
   unterschiedliche Werkstoffe

b) unterschiedliche thermische Vorgeschichte
   identischer Werkstoff

Bild 18: Schematische Darstellung möglicher DSC-Prüfergebnisse infolge unterschiedlicher thermischer Vorgeschichte und Werkstoffe

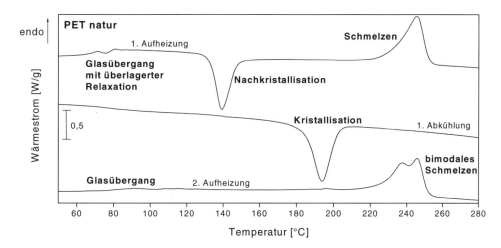

Bild 19: Thermogramm einer PET-Probe

kann bei existierenden eingefrorenen molekularen Orientierungen der Glasübergang deutlich durch auftretende Enthalpierelaxationen überlagert sein. Solche eingefrorenen Ordnungszustände erfordern nach dem Auftauen der molekularen Kettenbeweglichkeit zusätzliche Energie für ihre Auflösung, was durch eine entsprechende Signalüberlagerung in der DSC-Kurve sicht- und messbar wird.

Ab einer Temperatur von etwa 130 °C setzt die Nachkristallisation des amorphen, tatsächlich kristallisationsfähigen PET-Werkstoffs ein. Aufgrund der erhöhten Kettenbeweglichkeit infolge der erhöhten Temperatur kristallisieren die bislang nicht ausreichend kristallinen Bereiche nach, die kristalline Ordnung innerhalb der morphologischen Überstruktur wird erhöht. Dieser Effekt der Nachkristallisation tritt vor allem bei Proben auf, die aus der Schmelze sehr schnell abgekühlt wurden, wodurch deren Kristallisation weitgehend unterbunden wurde. Dadurch liegen solche Proben zunächst in einem thermodynamisch hoch instabilen Zustand vor und können sich über die Zeit oder bei erhöhter Umgebungstemperatur nachhaltig verändern.

Ab einer Temperatur von cirka 220 °C beginnen die kristallinen Bereiche des untersuchten Polymers zu schmelzen. Die Probe wandelt sich vom festen in den flüssigen Zustand um, wobei zunächst die dünneren Kristalllamellen zu schmelzen beginnen. Erst bei höheren Temperaturen schmelzen dann die dickeren Kristalllamellen. Damit kennzeichnen der Onset des Schmelzetemperaturbereichs und der zugehörige Endset bzw. die Peakweite und -höhe auch die Verteilung der Kristallite in einer untersuchten Probe. Der Energiebetrag (Schmelzenthalpie), welcher zum Schmelzen der kristallinen Anteile benötigt wird, entspricht dem Kristallisationsgrad der jeweiligen Probe. Demzufolge lassen sich hierüber Aussagen über die morphologische Gefügestruktur der untersuchten Probe und ihrer thermischen Vorgeschichte treffen, zumal der Schmelzverlauf (Beginn, Maximum, Ende) deutlich von der chemischen Struktur abhängt und die Kristallinität einer Probe durch die Abkühlbedingungen bei der Verarbeitung aus der Schmelze oder einer eventuellen Wärmenachbehandlung beeinflusst wird.

Die Kristallisations- oder Abkühlungskurve im DSC-Thermogramm beschreibt das Erstarrungsverhalten der Probe vom schmelzeflüssigen in den festen Zustand. Bei der Unterkühlung einer kristallisationsfähigen Schmelze kommt es zur Ausbildung von Kristallisationszentren, den so genannten Keimen. Diese gebildeten Keime sind sehr temperaturabhängig und wachsen mit einer bestimmten Geschwindigkeit zu Kristalliten, welche dann Kristalllamellen bilden. Die Wachstumsgeschwindigkeit der Kristallite besitzt bei einer bestimmten Temperatur ein Maximum, um dann wieder, aufgrund temperaturbedingter Bewegungseinschränkungen der Moleküle, abzunehmen. Dieser Effekt wird durch die Onset- sowie Endsettemperatur und die Peaktemperatur für den betrachteten Fall der nichtisothermen Erstarrung charakterisiert.

Die Kristallisation eines Polymers wird thermodynamisch durch die wirksamen Abkühlbedingungen aus der Schmelze bestimmt und durch den Umfang einer Fremdnukleierung des Polymers. Verläuft die Kristallisation nahezu isotherm, d. h. bei konstanter Temperatur oder mit sehr geringer Abkühlgeschwindigkeit (Kühlraten der DSC-Prüfung), kann eine weitgehend vollständige Kristallisation der amorphen Schmelze angenommen werden. Im Falle einer hohen Abkühlgeschwindigkeit der Schmelze (Spritzgießverarbeitung, Kühlrate bis über 1000 K/min) wird eine Kristallisation des Polymers dagegen weitgehend behindert oder gar unterdrückt, es kann deshalb nahezu amorph verbleiben, abhängig von der Kristallisationsgeschwindigkeit des jeweiligen, nicht fremd nukleierten Polymers.

Tabelle 3: Definition wichtiger Kennwerte einer DSC-Messkurve

Bezeichnung	Definition	Informationsmöglichkeiten
Basislinie	Verlauf der Messkurve ohne thermische Umwandlungsvorgänge oder Reaktion der untersuchten Probe, auch die interpolierte Linie, die die Messkurve vor und nach einem Peak so verbindet, als wäre keine Wärme aufgenommen oder freigesetzt worden	Steigung ermöglicht Aussage zur Abhängigkeit der Wärmekapazität von der Temperatur
Normalisierte Enthalpie ΔH [J/g]	Aufgenommene oder frei werdende Energie (Wärme) der Probe bei einer Umwandlung/Reaktion, bezogen auf die Probenmasse	Kristallisationsgrad, Füllstoffmenge
Peaktemperatur T_m, T_k [°C]	Zugehörige Temperatur des Peakmaximums; Bezeichnung für die Schmelztemperatur (T_m) oder Kristallisationstemperatur (T_k)	Schmelz- und Kristallisationstemperatur; wichtig für die Materialidentifikation
Extrapolierte Peaktemperatur [°C]	Ihre Abweichung zur Peaktemperatur gibt Auskunft über die Unsymmetrie der kalorischen Umwandlung	Hinweis auf mögliche bimodale Kristallitmodifikationen
Onset-Temperatur [°C]	Messbarer Beginn einer Umwandlung/Reaktion; Temperatur der ersten Abweichung von der Basislinie	Schmelzbereich; Aussagen über Kristallitgröße und -verteilung möglich
Endset-Temperatur [°C]	Messbarer Endpunkt einer Umwandlung/Reaktion; Temperatur der letzten Abweichung von der Basislinie	
Peakhöhe [W/g]	Unterschied zwischen der Basislinie und dem höchsten oder niedrigsten Wärmestromwert der Kurve in den gegebenen Auswertegrenzen	Schmelzbereich; Aussagen über Kristallitgröße und -verteilung möglich
Peakweite [°C]	Breite des Peaks bei halber Peakhöhe	
Glasübergangstemperatur T_g [°C]	Temperatur des Schnittpunkts der Mittellinie mit der Kurve zwischen den extrapolierten Basislinien vor und nach dem Glasübergang	Erweichungstemperatur; Übergang vom glas- oder energieelastischen in den gummi- oder entropieelastischen Zustand. Wechsel von „eingefrorener" zur „freien" Polymerkettenbeweglichkeit
Änderung der spezifischen Wärmekapazität Δc_p [J/g°C]	Stufenhöhe des endothermen/exothermen Glasübergangs beim Aufheizen bzw. Abkühlen	Physikalische Größe eines Stoffes, Energiemenge, die notwendig ist, um 1 g des Stoffes um 1 °C zu erwärmen
Auswertegrenzen [°C]	Temperaturgrenzen, innerhalb deren eine Auswertung erfolgte	Nur bei gleichen Auswertegrenzen für die Datenermittlung lassen sich DSC-Ergebnisse vergleichen

Eine Fremdnukleierung des Polymers kann für die verfahrenstechnische Praxis von Vorteil sein, denn sie bedeutet eine gezielte Zugabe von so genannten Keimbildnern oder Nukleierungsmitteln zum Polymer durch Zugabe spezieller Additive. Damit liegen in der Polymerschmelze bereits unmittelbar nach dem Unterschreiten der Kristallitschmelztemperatur Keime vor, welche nicht zuerst durch Unterkühlung der Schmelze zeitintensiv gebildet werden müssen, was schließlich zu einer beschleunigten Erstarrung der Polymerschmelze bei bereits höherer Temperatur führt.

Durch die Zugabe von Nukleierungsmitteln zu einem kristallisationsfähigen Polymer erhöht sich dessen Kristallisationsgeschwindigkeit, und die Polymerschmelze beginnt im Vergleich zur nicht fremd nukleierten Polymerschmelze bei gleichen Abkühlbedingungen früher zu erstarren. Der Kristallisationspeak verschiebt sich damit zu höherer Temperatur.

Da die Kristallisation der Schmelze erst nach dem Unterschreiten der Schmelzetemperatur möglich ist, liegt die Kristallisationstemperatur stets niedriger als die zugehörige Schmelztemperatur.

Keimbildner können auch koloristische Farbpigmente sein, welche feindispers im Polymer verteilt kristallisationsbeschleunigend wirken. Im Falle abgebauter Kunststoffe ist, durch deren teilweise verkürzte Polymerketten, ebenfalls eine beschleunigte Erstarrung aus der Schmelze zu beobachten. Damit kann eine zu erhöhter Temperatur verschobene Kristallisationstemperatur auch auf einen molekularen Abbau der untersuchten Probe hinweisen.

Die 2. Aufheizung in der DSC erlaubt die Bestimmung der spezifischen Materialkennwerte einer Kunststoffprobe. Nachdem das Schmelzverhalten einer Probe stark ihrer chemischen Struktur und ihrer thermischen Vorgeschichte bestimmt werden, können Materialdaten nur nach bekannter thermischer Vorgeschichte analysiert werden. Verantwortlich für eine definierte Vorgeschichte sind die obere Endtemperatur der vorangegangenen Aufheizung, die Dauer einer Isothermphase und die Kühlrate der Probe aus der Schmelze zum Festkörper.

Bei teilkristallinen Polymeren können verschiedene kristalline Strukturen und morphologische Überstruktur im Festkörper auftreten, abhängig von den thermodynamischen Bedingungen der Erstarrung. Je nach Abkühlbedingungen werden die morphologischen Modifikationen mehr oder weniger ausgebildet. Eine einheitliche Kristallinität einer Probe wird am einheitlichen Schmelzpeak in der DSC-Kurve ersichtlich. Tritt dagegen ein Schmelzbereich mit Schultern oder gar mehreren Peaks auf, ist von einer bi- oder multimodalen Kristallitverteilung im Gefüge auszugehen.

Bild 19 zeigt in der 2. Aufheizung der Probe ein so genanntes bimodales Schmelzverhalten; es tritt hier ein Doppelpeak im Schmelztemperaturbereich auf. Die Zusammensetzung der Morphologie ist anhand der Ausprägung des Doppelpeaks erkennbar, es sind die jeweiligen Teilflächen der Gesamtpeakfläche (= Schmelzenthalpien der morphologischen Modifikationen) den Modifikationsanteilen quantitativ zuordenbar.

2.4   Durchführung

Die prüftechnische Vorgehensweise zur Durchführung einer DSC-Messung ist wie folgt:

- Wahl eines für die Messaufgabe geeigneten Probentiegels
- Präparation der DSC-Probe
- Einwiegen der Probe in den Tiegel
- Verschließen des zuvor gelochten Tiegels mittels einer Presse (Messung der Probe bei Umgebungsdruck)
- Einbringen des Probentiegels in die Messzelle
- Wahl des Spülgases, Einstellen des Spül- und Ofengasstroms
- Einstellen eines Messprogramms (DSC-Methode)
- Starten des Experiments
- Nach dem Ende des Experiments Rückwiegen des Probentiegels (Bestimmung eines eventuellen Masseverlusts aufgrund möglicher Ausgasung von Zusätzen oder Zersetzung des Polymers)

Eine wichtige Voraussetzung für hochgenaue auch wiederholgenaue DSC-Messungen ist die sehr sorgfältige Probenpräparation nach Probengeometrie und Probenmasse. Dies wird in vielen Fällen nicht ausreichend berücksichtigt, die Proben werden oft nur grob zubereitet, was in der Folge zu experimentellen Schwierigkeiten und Messunsicherheiten führt.

Basierend auf eigenen Erfahrungen aus vielen praktischen Messungen, wonach die Qualität einer DSC-Messung mithin durch die Probenpräparation festgelegt wird, wird dementsprechend die Präparation der DSC-Proben eingehend diskutiert.

Weitere Einflussfaktoren auf die Qualität einer DSC-Messung und etwaige Fehlermöglichkeiten bei der Versuchsdurchführung werden bei den praktischen Anwendungsbeispielen in Kapitel 2.5 ausführlich dargestellt und erläutert.

2.4.1   Probenpräparation

Bei der Präparation von Proben für vergleichende DSC-Messungen ist darauf zu achten, dass die zu untersuchenden Proben stets aus werkstoffkundlich vergleichbaren Entnahmestellen der zu analysierenden Formmasse oder des Formteils entnommen werden. Nur dadurch ist sichergestellt, dass die entnommenen Proben weitgehend gleiche thermische Vorgeschichte infolge lokal weitgehend einheitlicher Verarbeitungs- und Nachbehandlungsbedingungen besitzen und so wiederholbare DSC-Prüfergebnisse liefern oder repräsentative und nachzuweisende Unterschiede aufweisen.

Weiter sollte die Probenentnahme schonend, d. h. ohne mechanische Deformation oder Erwärmung des stofflichen Gefüges erfolgen.

Die gewählte Probenmasse hängt stark von den zu untersuchenden kalorischen Effekten ab. Zur Untersuchung von Schmelz- und Kristallisationsvorgängen bei teilkristallinen Kunststoffen empfiehlt sich eine Einwaage von 5 bis 10 mg, bei hochempfindlichen Kalorimetern ist bereits eine Probenmasse zwischen 1 bis 5 mg ausreichend. Durch eine geringe Probeneinwaage kann eine mögliche Überlagerung von thermischen Effekten weitestgehend vermieden werden. Für die Untersuchung des Glasübergangs ist eine Probenmasse von 15 bis 20 mg notwendig, da der zu detektierende Wärmestrom, infolge der minimalen Wärmekapazitätsänderung, gering ist und so im Rauschen des Messsignals verschwinden kann.

Für das präzise Aufheizen und Erstarren benötigt eine DSC-Probe einen definierten Wärmekontakt zum Boden des Probentiegels, in welchem sie sich für die Messung befindet. Dazu muss die Probe zumindest eine ebene Grundfläche als Kontaktfläche aufweisen, besser und zum Erreichen einer hohen Messpräzision ist eine planparallele DSC-Probe. Zudem ist Sorge zu tragen, dass die Probe in der Mitte des Tiegels während der Messung zu liegen kommt, ohne Wandkontakt, damit eine gleichmäßige und definierte Wärmeübertragung zwischen Probe, Tiegel und Temperatursensor des Kalorimeters schließlich erreicht werden kann. DSC-Tiegel mit unebenem Boden sind für Messungen untauglich, da die Wärmeübertragung in einem solchen Fall zwischen Tiegel und Temperatursensor gestört ist.

Alle von den Autoren diskutierten Proben wurden in der Regel mit Hilfe eines Stanzeisens auf eine einheitliche, zylindrische Außengeometrie gebracht und anschließend mit einem Mikrotom mit Gefriertisch (Peltierelement), in Wasser eingefroren, eben und auf eine definierte Probenmasse geschnitten. Die Massetoleranz der Proben betrug dabei $\pm\,0{,}1$ mg.

2.4.2   Probenentnahme

Bild 20 zeigt schematisch die Entnahme und Präparation von DSC-Proben aus verschiedenen Prüflingen (flüssig, pulverförmig und fest mit unterschiedlichen Geometrien).
Abhängig von der Art der Probe ist ein geeigneter Tiegel auszuwählen. Mit Ausnahme
dünner Folien, die einen Folientiegel mit entsprechendem Deckel erfordern, können
alle Proben in einem Standardtiegel der Größe 40 µl untersucht werden. Überwiegend
werden Tiegel aus Aluminium verwendet.

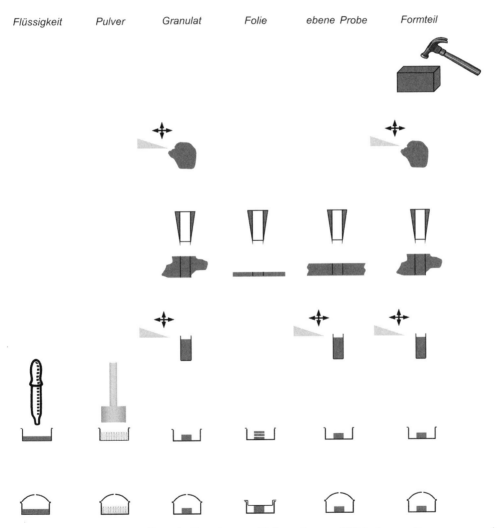

Bild 20: Schematische Darstellung der Entnahme und Präparation von DSC-Proben aus Formmassen und
Formteilen

2.4.2.1 Entnahme und Präparation von DSC-Proben aus einem Korn

Die Präparationen einer DSC-Probe aus einer Kunststoffformmasse (Granulat), welche in der Regel zylinderförmig oder als Linsengranulat vorliegt, oder aus einem Prüfling entnommenen Korn erfolgte mit Hilfe eines Gefriertischmikrotoms, wie Bild 21 zeigt. Das unregelmäßige Kunststoffkorn wird zunächst planparallel zubereitet, indem es in eine Vertiefung des Gefriertisches eingelegt und mit Wasser umgeben wird. Ein integriertes Peltierelement erlaubt das rasche Einfrieren des Wassers an der Tischoberfläche. Damit kann das Korn in wenigen Minuten auf dem Gefriertisch festgefroren und so fixiert werden. Anschließend wird die Oberfläche des unregelmäßigen Korns durch horizontales und vertikales Bewegen des Gefriertisches gegen das Schneidmesser glatt und eben geschnitten – Schritt 1. Nach dem Auftauen des Korns ist selbiges umzuschlagen, und es wiederholt sich die Schneideprozedur auf der gegenüberliegenden, noch unebenen Seite des Korns, bis schließlich eine planparallele DSC-Probe vorliegt – Schritt 2; Bild 22.

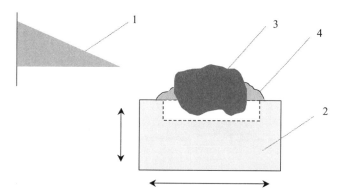

Bild 21: Schematische Darstellung der Probenpräparation aus einem Kunststoffkorn mittels Gefriertischmikrotom (1 – Schneidmesser, 2 – beweglicher Gefriertisch, 3 – Korn, 4 – gefrorenes Wasser)

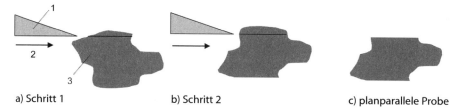

a) Schritt 1   b) Schritt 2   c) planparallele Probe

Bild 22: Schematische Darstellung des Schneidevorgangs (1 – Schneidmesser, 2 – Schneidrichtung, 3 – Kunststoffkorn)

Um weiter eine einheitliche Außengeometrie der zu messenden DSC-Probe zu erzielen, wird eine Ronde aus dem plangeschnittenen Kunststoffkorn mit einem Stanzeisen ausgestanzt. Wie bereits erwähnt, benötigen hochgenaue DSC-Messungen Proben mit sehr geringen Massetoleranzen. Daher muss die bisher hergestellte zylindrische und planparallele Probe noch auf eine definierte Masse gebracht werden, was wiederum mit Hilfe des Gefriertischmikrotoms erfolgt. Durch wiederholtes Präparieren und Wägen lässt sich eine beliebige Probenmasse in einer Toleranz von ± 0,1 mg erreichen.

Der Stanz- und nachfolgende Schneidvorgang bis zu einem Erreichen einer definierten Probenmasse ist in Bild 23 skizziert. Die dergestalt fertig präparierte Probe kann nun in einen Tiegel mittig eingesetzt und ihre kalorischen Eigenschaften mit Hilfe der DSC analysiert werden.

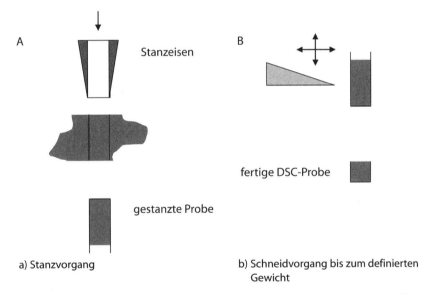

Bild 23: Schematische Darstellung der Probenpräparation einer DSC-Probe aus einem Kunststoffkorn

2.4.2.2 Entnahme und Präparation von DSC-Proben aus Formteilen

Bei geometrisch komplexen, dreidimensionalen Formteilen kann das DSC-Messergebnis abhängig vom Entnahmeort der kleinen Probe unterschiedlich sein. Dies rührt von einer möglichen Inhomogenität des zu untersuchenden Formteils her. Insbesondere bei großen Formteilen stellt sich somit häufig die Frage nach der Wahl des richtigen Entnahmeortes für die DSC-Proben. Natürlich gilt auch hier: Bei vergleichenden Messungen muss die Probe immer aus der gleichen Stelle und einheitlich präpariert werden. Für qualitätstechnische Beurteilungen, beispielsweise im Rahmen der Gewährleistung einer guten Produktqualität, sind die Proben aus den funktionsrelevanten Bereichen oder aus den Orten eines potenziellen Formteilversagens zu entnehmen. Orte mit einem erhöhten Versagensrisiko sind dabei:

- dickwandige Bereiche (Materialanhäufungen)
- dünnwandige Bereiche (Stege, Scharniere)
- Bereiche hoher Scherung (dünnwandige Fließbereiche, Anschnitt)
- Bindenaht (stumpfe Ausbildung, kalte Fließfront)
- Bereiche hoher Orientierung (Ausrichtung der Makromoleküle bzw. Verstärkungsstoffe)
- Bereiche behinderter Schwindung (Ausbildung von Eigenspannungen)
- Bereiche hoher äußerer Belastung

Im Rahmen der Schadensanalytik sind die Proben für weitergehende Untersuchungen aus dem Schadensbereich zu präparieren und möglicherweise mit aus den ungestörten Formteilbereichen entnommenen oder mit Proben aus Vergleichsmustern zu vergleichen.

Nach der gezielten Festlegung des geeigneten Entnahmeorts für DSC-Proben erfolgt die eigentliche Probenentnahme, wie bereits in Kapitel 2.4.2 beschrieben. Möglicherweise ist zunächst ein kleiner Abschnitt aus dem gesamten Formteil herauszuarbeiten, der dann weiter bis zur Fertigstellung der endgültigen Probe präpariert wird.

Für systematische Untersuchungen von Verarbeitungseinflüssen wurden hier Schulterstäbe, Bild 24, mit unterschiedlichen Prozessbedingungen spritzgießtechnisch gefertigt und analysiert. Die Entnahme der DSC-Proben aus den Schulterstäben erfolgte immer aus Proben derselben Kavität an der gleichen Stelle der Prüflinge angußnah, die Entnahmestelle ist in Bild 24 eingezeichnet, wobei die Proben von der „Auswerferseite" zur „Düsenseite" gestanzt wurden. Das anschließende Schneiden der gestanzten Pro-

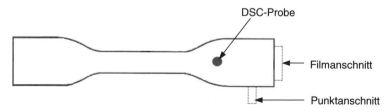

Bild 24: Entnahmestelle der DSC-Probe aus dem Schulterstab

ben zum Erzielen einer definierten Probenmasse erfolgte auf der „Düsenseite". Danach wurde die so präparierte DSC-Probe mit der ebenen, ungeschnittenen „Auswerferseite" im direkten Kontakt zum Tiegelboden mittig in den Tiegel eingebracht und anschließend deren kalorischen Eigenschaften untersucht.

2.4.3   Messapparat

Die im Folgenden beschriebenen, thermoanalytischen Untersuchungen erfolgten mit Hilfe eines Tieftemperaturkalorimeters des Typs DSC 821^e der Firma Mettler-Toledo; Bild 25. Bild 26 zeigt den schematischen Aufbau der Messzelle dieses Prüfgeräts.

Bild 25: DSC 821^e der Firma Mettler-Toledo

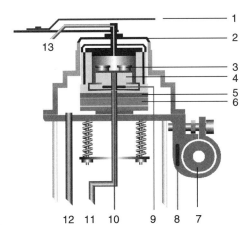

Bild 26: Aufbau der Messzelle (schematisch) (1-Hitzeschutzschild, 2-Ofendeckel, 3-Tiegel auf dem DSC-Sensor, 4-Silberofen, 5-Flachheizung zwischen zwei Isolierscheiben, 6-Wärmewiderstand zum Kühler, 7-Kühlflansch, 8-Pt100 des Kühlflansches, 9-Pt100 des Ofens, 10-DSC- Rohsignal zum Verstärker, 11-Ofengas-Einlass, 12-Spülgas-Einlass, 13-Gas-Auslass)

Die technischen Daten des verwendeten Kalorimeters des Typs DSC 821^e der Firma Mettler-Toledo sind:

Temperaturbereich:	-150 bis $500\,^\circ$C
Heizrate:	0,01 K/min bis 40 K/min
Genauigkeit der Thermoelemente:	$\pm\,0{,}2\,^\circ$C
Reproduzierbarkeit:	$\pm\,0{,}1\,^\circ$C
Programmierbarkeit:	0 ... 100 K/min (bis zu 700 $^\circ$C, mit kleinster Schrittweite 0,01 K/min
Kühlzeit:	von 100 zu -100 in 15 min
Sensoren:	Keramiksensor FRS5 mit 56 Thermoelementen
Mögliche Tiegelarten:	40 µL, 100 µL, 150 µL Aluminiumtiegel
	40 µL Kupfer- und Goldtiegel
	70 µL, 150 µL Platintiegel
	Hochdrucktiegel
Messzelle:	Silberofen, Einlass für zwei Gase, manueller Probenwechsel
Betriebstemperatur:	10 bis 32 $^\circ$C
Umgebungsfeuchtigkeit:	20 bis 80 %
Dimensionen (b/l/h):	$452 \times 278 \times 464$
Gewicht:	30 kg

2.4.4 Messbedingungen und -parameter

Für reproduzierbare und aussagekräftige DSC-Messungen sind die Messbedingungen einheitlich und dem Prüfzweck entsprechend optimal zu wählen. Die Auswahl der Messparameter hängt dabei von der Probe und den zu messenden Effekten ab. Es ist notwendig, die folgenden Messbedingungen und zugehörigen Messparameter bereits vor der Durchführung einer DSC-Messung zu bedenken.

Tiegelart und -größe

Es gibt verschiedene Tiegelarten und -formen. Vorzugsweise wird mit einem Einweg-Aluminiumtiegel gearbeitet. Aluminium verhält sich gegenüber den meisten Materialien (allen Kunststoffen) inert; es findet keine Reaktion mit der Probe statt. Meist reichen Standardtiegel mit einem Probenraumvolumen von 40 µL für die Untersuchung von Proben mit einer Masse $\leq$ 20 mg aus. Bei sehr dünnen Proben wird bevorzugt ein 20 µL Aluminium-Folientiegel verwendet. Dieser Tiegel erlaubt auch für gewellte Proben einen guten und gleichmäßigen Wärmeübergang zwischen Probe und Tiegel und verhindert außerdem, indem der Tiegeldeckel die Probe auf den Tiegelboden presst, dass sich die Probe beim Erwärmen etwas zusammenrollt und dadurch kein gleichmäßiger Kontakt mehr zum Tiegelboden gegeben ist. Bei gasenden Proben (Proben mit flüchtigen Bestandteilen oder bei Untersuchungen von Zersetzungsreaktionen) kann der Tiegeldeckel gelocht und somit eine Deformation des Tiegels, mit in der Folge schlechtem Wärmekontakt zur Messstelle, oder sogar ein Bersten des Tiegels verhindert werden. Ein Lochen des Deckels der 40 µL-Tiegel ist in jedem Fall empfehlenswert, da die zu untersuchende Probe dadurch einer besser definierten Ofenatmosphäre ausgesetzt ist. Das Lochen erfolgt am besten in einer Vorrichtung, damit die Position und Größe des Loches stets einheitlich sind. Weiterhin lassen sich eine Reihe von speziellen Tiegeln für Sonderanwendungen finden (z. B. Drucktiegel zur Untersuchung von Reaktionen unter Druck). Diese sollen hier aber nicht weiter erläutert werden, da die bereits erwähnten 20 µL- und 40 µL-Aluminiumtiegel für die DSC-Analytik in der Kunststofftechnik in den meisten Fällen ausreichend geeignet sind.

Spülgas und Spülgasstrom

Spülgas in der Messzelle wird bei der DSC-Prüfung eingesetzt, um bewusst eine Reaktion der Probe mit dem Umgebungsmedium zu verhindern (Inertgas) oder zu fördern (Reaktivgas). Das Spülgas dient weiter, um eventuell auftretende, flüchtige Bestandteile aus der Probe aus dem Ofenraum zu spülen. Dazu werden entweder Stickstoffgas eingesetzt, um eine inerte Messzellenatmosphäre zu erreichen, oder Heliumgas für eine inerte Atmosphäre bei verbessertem Wärmeübertragungsverhalten, und für gezielte, oxidative Abbaureaktionen der Untersuchungsprobe finden Reinstsauerstoff oder Luft als Spülgas Verwendung.

Das verwendete Kalorimeter des Typs DSC 821^e der Firma Mettler-Toledo erfordert einen Spülgasstrom im Ofenraum während der Messung von etwa 60 mL/min. Der Spülgasstrom ist während einer Messung konstant zu belassen, sonst ändern sich die thermischen Verhältnisse in der Messzelle unkontrolliert, was zu streuenden Ergebnissen Anlass gibt. DSC-Messungen bei unterschiedlichen Ofenatmosphären und Spülgasströmen sind nicht vergleichbar. Ein unterschiedlicher Spülgasstrom bewirkt eine veränderte Konvektion in der Messzelle. Aus diesem Grunde muss die Durchflussmenge des Spülgases bei vergleichenden Messungen konstant bleiben und ist im Messprotokoll anzugeben.

Neben dem Ofenraum erfährt auch der Ofenmantel eine Gasspülung. Um eine mögliche Feuchtekondensation am kalten Ofen der DSC im Falle von Tieftemperaturversuchen zu verhindern, wird der Ofenmantel mit Trockengas gespült. Hierzu dient Stickstoffgas, der Spülgasstrom beträgt in diesem Fall 100 mL/min (s. Bild 26).

Probeneinwaage

Die zu wählende Probenmasse hängt von den zu messenden Effekten ab, was bereits in Kapitel 2.4.1 ausführlich erläutert wurde. Es empfiehlt sich zur Untersuchung von Schmelz- und Kristallisationsvorgängen eine Probenmasse von 1 bis 5 mg. Um Glasübergänge zu detektieren, sollten 5 bis 10 mg eingewogen werden. Für vergleichende DSC-Messungen mit hoher Reproduzierbarkeit ist eine geringe Toleranz in der Probeneinwaagemenge von $\pm 0,1$ mg erforderlich.

Nach Abschluss der DSC-Prüfung empfiehlt es sich, die untersuchte Probe zurückzuwiegen. Ein möglicher Masseverlust gegenüber der ursprünglichen Probeneinwaage gibt Auskunft über flüchtige Bestandteile der untersuchten Probe oder über ihre mögliche Zersetzung, infolge eines überhöhten Temperatureintrags. Beide Erkenntnisse sind aufschlussreich, im letzteren Fall ist die Versuchsmethodik für die Messung zu optimieren.

Messprogramm

Das Messprogramm ist je nach Material und Probenart zu wählen. Parameter, die variiert werden können, sind:

- Einsatztemperatur der Probe in die Messzelle
- Starttemperatur
- Endtemperatur
- Isothermphase
- Heiz- und Kühlrate
- Messablauf (isotherm, dynamisch oder in Kombination)

In Bild 15 (Kapitel 2.2) ist ein Zeit-Temperatur-Messprogramm für eine DSC-Untersuchung von Polybutylenterephthalat PBT dargestellt, und die gewählten Parameter werden dort eingehend erläutert. Die Einflüsse der Messparameter auf das gewonnene DSC-Ergebnis sind dann in Kapitel 2.5 aufgezeigt.

2.5   Einflussfaktoren

Zur Charakterisierung der kalorischen Eigenschaften einer Kunststoffprobe mittels DSC-Untersuchung wird der Wärmefluss von und zu der untersuchenden Probe im Vergleich zu einer inerten Referenz bestimmt, während beide ein vorgegebenes Temperatur-Zeit-Programm durchlaufen. Eine Messgröße ist dabei die Temperaturdifferenz zwischen Probe und Referenz. Demzufolge wirken sich Effekte, welche die Temperaturverteilung beeinflussen, auf das messtechnisch erfasste Ergebnis aus. Diese Effekte können durch chemische oder physikalische Umwandlungen der Probe oder auch durch „äußere Randbedingungen" verursacht werden und somit das DSC-Ergebnis beeinflussen. Für reproduzierbare DSC-Messungen mit hoher Genauigkeit müssen die Einflussfaktoren bekannt sein und berücksichtigt werden. Die Einflussfaktoren auf die Qualität der DSC-Messung und etwaige Fehlermöglichkeiten bei der Versuchdurchführung werden anhand von Beispielen im Folgenden erläutert.

2.5.1 Probenmasse

Moderne Kalorimeter sind in der Lage, spezifische, d. h. auf die jeweilige Einwaage bezogene Enthalpien zu berechnen. Dadurch besteht scheinbar kein Anlass, DSC-Vergleichsproben auf eine exakte Probenmasse zu präparieren. Dennoch ist klar: unterschiedliche Probenmassen erfahren verschiedene zeitliche Durchwärmung bei sonst gleichen Versuchsbedingungen, und damit sind Unterschiede im gemessenen Ergebnis zu erwarten.

Zur Untersuchung des Einflusses der Probenmasse auf das DSC-Ergebnis wurden aus POM-Granulatkörnern Proben mit unterschiedlichen Gewichten präpariert und anschließend mittels DSC untersucht. Die übrigen Einflussgrößen (Auflagefläche, Probenebenheit, Messmethodik) wurden dabei konstant gehalten. Wie Bild 27 deutlich zeigt, steigen die ermittelte Schmelztemperatur und die Peakweite konstant mit zuneh-

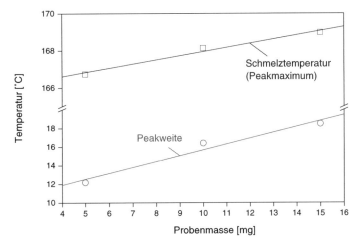

Bild 27: Abhängigkeit der Peakweite und Schmelztemperatur von der Probenmasse (Werkstoff: Hostaform C13021 natur; Probenform: Granulat; DSC: 2. Aufheizung: 30–220 °C; Heizrate: 20 K/min; Spülgas: N$_2$; Einwaage: 5,0 ± 0,1 mg)

mender Probenmasse an. Wird die Probenmasse bei gleich bleibender Auflagefläche erhöht, vergrößert sich damit die Probenhöhe. Dadurch ändert sich der Temperaturgradient in der Probe und führt somit zu einer zeitlich verzögerten Wärmeleitung; die Probe schmilzt dadurch erst später vollständig auf, und dementsprechend wird eine höhere Schmelztemperatur festgestellt.

Aufgrund dieser vorhandenen Wärmeleitungseffekte sollte die Probeneinwaage so gering wie möglich sein, um Schmelz- und Kristallisationsvorgänge möglichst exakt untersuchen zu können. Zudem erfordern vergleichende Messungen immer gleiche Einwaagen. Dies bedeutet auch, dass bei Proben aus verstärkten Kunststoffen der Füllstoffgehalt bei der Einwaage mit berücksichtigt werden muss.

2.5.2 Probenauflagefläche

Eine große Auflagefläche der Probe im Tiegel (Kontaktfläche) verbessert den Wärmeübergang zwischen Probe und Tiegelboden und schlussendlich zu den Temperatursensoren. Daher nimmt die Empfindlichkeit der Messung mit größerer Auflagefläche bei sonst gleicher Probenmasse zu. Welchen Einfluss eine schnellere Durchwärmung einer Probe, aufgrund einer vergrößerten Auflagefläche, auf die ermittelte Schmelztemperatur hat, zeigt Bild 28. Es wurden POM-Proben (copolymeres Polyacetal) mit unterschiedlichen Auflageflächen in einen 40 μL-Aluminium-Standardtiegel mittig ohne

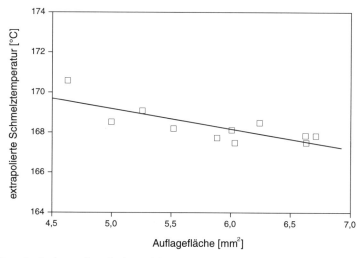

Bild 28: Einfluss der Probenauflagefläche auf die Schmelztemperatur (Werkstoff: Hostaform C13021 natur; Probenform: Granulat; DSC: 2. Aufheizung: 30–220 °C; Heizrate: 20 K/min; Spülgas: N_2; Einwaage: 5,0 ± 0,1 mg)

Wandkontakt eingesetzt und untersucht. Die Einwaage betrug bei allen untersuchten Proben $5 \pm 0,1$ mg, sodass bei diesen Betrachtungen kein zusätzlicher Einfluss infolge unterschiedlicher Probenmassen bestand.

Wie bereits angenommen, verringert sich die gemessene Schmelztemperatur mit zunehmender Probenauflagefläche aufgrund des günstigeren Wärmekontakts.

In einen Standardtiegel (40 µL- oder 20 µL-Aluminiumtiegel) können Proben mit maximal 12 mm² Auflagefläche eingesetzt werden. Natürlich hängt die Probenauflagefläche immer von der zu untersuchenden Prüflingsgeometrie ab. So lassen sich zum Beispiel aus den meisten Granulatkörnern von Kunststoffformmassen aufgrund der hier gegebenen Granulatkorngeometrie (üblicherweise Zylinderform mit einem Durchmesser von etwa 2 mm und einer Höhe von etwa 3 mm) nur zylindrische Proben mit einer Auflagefläche von ca. 3 mm² präparieren.

Für vergleichende DSC-Messungen sind neben einer einheitlichen Probenmasse auch gleich große Probenauflageflächen erforderlich!

2.5.3   Probenebenheit

Präzise und reproduzierbare DSC-Messungen erfordern eine gute Wärmeübertragung zwischen Probe, Tiegel und Messzelle. Ist kein gleichmäßiger Kontakt zum Tiegelboden gegeben, wie in Bild 29b schematisch dargestellt, wirkt sich das insbesondere bei der ersten Aufheizung nachteilig aus. Die Wärmeübertragung zur Probe und die Durchwärmung innerhalb der Probe ist nicht gleich der einer ebenen Probe mit einem vergleichsweise optimalen Kontakt zum Tiegelboden. Der Einfluss der Probenebenheit auf das gemessene DSC-Signal in der 1. Aufheizung ist in Bild 30 für eine Probe aus Polybutylenterephthalat PBT dargestellt.

Infolge des unterschiedlichen Wärmekontakts der beiden Proben zum Tiegel, bedingt durch deren unterschiedliche Ebenheit, finden sich bei ihnen, insbesondere im Fest-

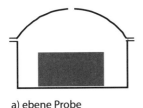
a) ebene Probe

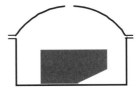
b) unebene Probe

Bild 29: Vergleich einer in ihrer Kontaktfläche ebenen und unebenen Probe, eingebracht im geschlossenen Tiegel

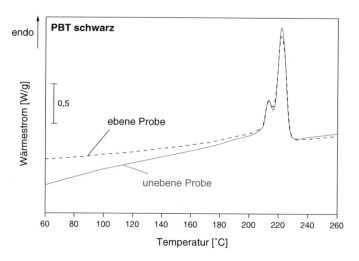

Bild 30: Einfluss der Probenpräparation auf das Schmelzverhalten von PBT schwarz (Werkstoff: Ultradur B4520 schwarz 0110; Probenform: Schulterstab 4 × 1 mm²; DSC: 1. Aufheizung: 30–280 °C; Heizrate: 20 K/min; Spülgas: N₂; Einwaage: 3,5 ± 0,1 mg)

körperzustand, unterschiedliche Basislinienverläufe. Die Wärmekapazitäten der beiden Proben, wiewohl aus einheitlichem Werkstoff, erscheinen unterschiedlich. Dies wirkt sich auf die mögliche Auswertung eines Glasüberganges aus.

Zudem werden auch Unterschiede in den Schmelztemperaturen der beiden PBT-Proben gemessen (Schmelztemperatur der ebenen Probe = 221 °C, Schmelztemperatur der unebenen Probe = 222 °C), und die maximalen Peakhöhen sind deutlich verschieden.

Auswirkungen aus der Ebenheit der Wärmekontaktfläche einer DSC-Probe ergeben sich nur für die Messergebnisse der 1. Aufheizung. Danach ist die Probe aufgeschmolzen und bildet eine Schmelzeperle mit gutem Kontakt zum Tiegel. Somit zeigen die Ergebnisse der Abkühlungskurve und der 2. Aufheizung auch keine Unterschiede zwischen den werkstofftechnisch identischen Proben.

Dagegen kann eine nicht mittig im Tiegel positionierte Probe sowohl Messartefakte in der 1. als auch in der 2. Aufheizung und der Abkühlung bewirken.

Steht eine unsymmetrisch positionierte Probe bereits zu Beginn der Messung mit dem Tiegelrand im Wärmekontakt, dann besteht eine vergleichsweise vergrößerte Wärmekontaktfläche, was Einfluss auf die Ergebnisse aller gemessenen Messzyklen nimmt.

Liegt eine Probe hingegen zu Beginn der Messung nur relativ weit wandnah, ohne direkten Kontakt zur Tiegelwand, so führt dies zunächst zu einem weitgehend ungestörten Messergebnis bei der 1. Aufheizung. Nachdem die Probe dann allerdings aufgeschmolzen ist, wird diese etwas breiter, und in der Folge kann sich die Schmelze an die Tiegelwand anlegen und dadurch den Wärmekontakt vergrößern. Damit stellen sich erst bei der Erstarrung der Schmelze und beim 2. Aufheizen Messartefakte ein.

Das Erscheinungsbild einer nicht mittig im Tiegel positionierten DSC-Probe ist in Bild 31 gezeigt. Infolge der Wandanlagerung wird die Probe zusätzlich lokal über die Tiegelwand geheizt, was sich auf deren Durchwärmung in der Folge auf das DSC-Ergebnis auswirkt.

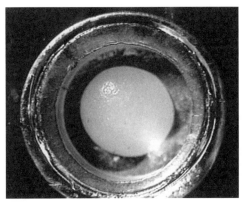 

a) gültige Probe   b) ungültige Probe

Bild 31: Positionierung einer Probe im Alu-Standardtiegel (40 μL) für eine korrekte DSC-Messung

Prüftechnisch einwandfreie DSC-Untersuchungen erfordern mittensymmetrische Positionierung der DSC-Proben mit optimaler Kontaktfläche zwischen Probe und Tiegel. Es wird empfohlen, die Position der gemessenen DSC-Probe am Ende des Experiments, nach der Rückwaage, zu kontrollieren. Gegebenenfalls ist der durchgeführte Versuch zu verwerfen.

2.5.4   Heiz- und Kühlrate

In der Thermoanalyse wird meistens nur von Heizrate gesprochen, wiewohl richtiger zwischen Heiz- und Kühlrate zu differenzieren ist. Die Heizrate beschreibt die Aufheizgeschwindigkeit der Probe bei der dynamischen DSC-Untersuchung und die Kühlrate, mit welcher Geschwindigkeit die Probe erstarrt. Heiz- und Kühlraten können im Experiment durchaus unterschiedlich gewählt werden, sie sind in der Regel konstant und meist einheitlich.

Die Heiz- und Kühlrate sind dem Wärmestrom direkt proportional (siehe Gleichung (2), Kapitel 2.1), daher führen höhere Heiz- bzw. Kühlraten zu einem höheren Signal; Bild 32 und Tabelle 4. Dieser Effekt wird vor allem genutzt, um kleine Effekte deutlicher sichtbar zu machen. D. h. mit höherer Heizrate kann zum Beispiel das Schmelzen geringer Additivierungsanteile oder minimaler Kristallinität deutlicher hervorgehoben werden, und ebenso werden zunächst wenig ausgeprägte Glasübergange besser sichtbar.

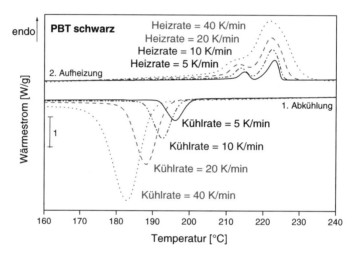

Bild 32: Einfluss der Heizrate auf das Schmelz- und Kristallisationsverhalten von PBT schwarz (Werkstoff: Ultradur B4520 schwarz 0110; Probenform: Granulat; DSC: 1. Abkühlung, 2. Aufheizung: 280–30–280 °C; Spülgas: N₂; Einwaage: 3,5 ± 0,1 mg)

Tabelle 4: Ermittelte charakteristische Kennwerte des in Bild 32 dargestellten Thermogramms (Auswertegrenzen: 1. Abkühlung: 150–220 °C, 2. Aufheizung: 180–250 °C)

	1. Abkühlung				**2. Aufheizung**			
Heiz-/Kühlrate [K/min]	5	10	20	40	5	10	20	40
normalisierte Enthalpie [J/g]	−53	−52	−50	−47	43	40	39	37
Onset [°C]	200,3	197,3	193,9	190,1	219,2	218,0	216,1	212,6
Peakhöhe [W/g]	0,7	1,3	2,1	3,2	0,6	1,0	1,4	1,9
Peakmaximum [°C]	196,2	193,0	188,9	183,6	222,9	222,2	221,5	221,1
Endset [°C]	196,2	187,7	182,3	174,7	224,9	225,4	227,2	230,3
Peakweite [°C]	5,0	5,5	6,6	8,7	3,4	4,4	6,6	10,3

Den deutlichen Einfluss der Aufheizgeschwindigkeit auf die ermittelte Schmelztemperatur (Temperatur des Peakmaximums), die Peakweite und die Schmelzwärme zeigt Bild 33 am Beispiel des Kunststoffs Polybutylenterephthalat PBT. Mit steigender Heizrate verringern sich die gemessene Schmelztemperatur und Schmelzwärme, während die Peakweite, aufgrund zunehmender thermischer Trägheit der Kunststoffprobe, zunimmt. Bei der Schmelzwärme zeigt sich zudem bis zu einer Heizrate von 15 K/min eine überproportionale Abnahme des Wärmestroms, bedingt durch zusätzliche Um- und Nachkristallisationseffekte der untersuchten Probe bei geringen Heizraten. Erst ab einer Heizrate von 15 K/min verringert sich die Schmelzenthalpie dann linear.

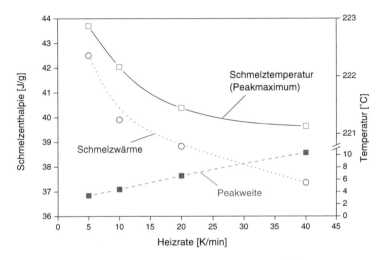

Bild 33: Einfluss der Heizrate auf das DSC-Ergebnis, vgl. Bild 32 und Tabelle 4

Die Wahl der richtigen Heiz- und Kühlrate hängt im Wesentlichen von den zu erwartenden Effekten ab. Nach DIN ISO 11357 wird eine Heiz-/Kühlrate von 10 K/min für die Messung von Schmelz- und Kristallisationsvorgängen empfohlen und für die Untersuchung von Glasübergängen eine Heiz-/Kühlrate von 20 K/min. Der Nachteil einer kleinen Heizrate ist, dass diese Nach- und Umkristallisationsvorgänge in einer teilkristallinen Kunststoffprobe begünstigen kann, was eine Verfälschung der tatsächlich in der Probe existierenden Kristallinität bewirkt. Dagegen führt eine zu hohe Heiz-/Kühlrate zu einer schlechteren Auftrennung eng beieinander liegender kalorischer Effekte; die Auflösung der Messung verschlechtert sich.

Nach eigenen Erfahrungen hat sich für die Untersuchung der meisten thermoplastischen Kunststoffe eine Heiz-/Kühlrate von 20 K/min bewährt. Bei dieser Heiz-/Kühlrate tritt keine wesentliche Veränderung ihrer Kristallinität auf, es erfolgen noch keine Überlagerungen kalorischer Effekte (Peaks können ausreichend getrennt erfasst werden), und die Messungen sind noch in einer annehmbaren Zeit und damit wirtschaftlich durchführbar.

Aus den oben genannten Gründen müssen vergleichende DSC-Messungen immer mit einheitlicher Heiz-/Kühlrate erfolgen. Die Kühlrate bestimmt die „neue" thermische Vorgeschichte einer DSC-Probe vor der 2. Aufheizung und ist demzufolge maßgeblich für vergleichende Untersuchungen über die spezifischen Materialeigenschaften von Proben mittels DSC.

2.5.5   Endtemperatur

Zur Beschreibung des Schmelz- und Kristallisationsverhaltens von teilkristallinen Thermoplasten ist es notwendig, die zugehörige DSC-Probe zweimal aufzuheizen und einmal abzukühlen. Damit eine sinnvolle Aussage über die Materialeigenschaften der untersuchten Probe überhaupt möglich ist, welche aus den Ergebnissen der Erstarrungskurve und der 2. Aufheizung getroffen werden, darf die Probe während der ersten Aufheizung nicht nachteilig im Werkstoff beeinflusst werden. Eine thermooxidative Degradation der Probe ist demzufolge durch eine geeignete Wahl der Versuchsbedingungen zu vermeiden. Die Endtemperatur der DSC-Messung sollte also ausreichend hoch sein, um alle möglichen kalorischen Effekte während der Aufheizphase bestimmen und die Probe sicher in den geschmolzenen Zustand überführen zu können, aber nicht so hoch, dass bereits eine Zersetzung der Probe stattfinden kann.

Die obere Endtemperatur ist in Verbindung mit einer möglichen, anschließenden isothermen Phase bei der Temperatur für das Löschen des „Gedächtnisses" der Probe, ihrer unbekannten thermischen Vorgeschichte verantwortlich. Das Erinnerungsvermögen einer Probe (Memory-Effekt) steht in Zusammenhang mit der Höhe der Endtemperatur und der Zeit der Probe bei dieser Temperatur für mögliche molekulare Relaxationsprozesse.

Bei der Verarbeitung eines teilkristallinen Polymers aus der Schmelze bildet sich während der Abkühlung eine bestimmte morphologische Struktur im Festkörper aus. An diesen definierten morphologischen Zustand kann sich das Polymer nach dem erneuten Aufschmelzen in der DSC noch mehr oder weniger erinnern, was zu Rückwirkungen bei der Kristallisation der Probe und in der Folge beim gemessenen DSC-Ergebnis in der 2. Aufheizung führt. Das „Erinnerungsvermögen" hängt dabei stark von der Entropie der Schmelze und demzufolge von der Endtemperatur des Experiments ab. Je höher die Temperatur ist, desto weniger erinnert sich das Polymer an seinen vorherigen Zustand – das freie Volumen ist dann entsprechend hoch, und die intermolekularen Wechselwirkungen sind gering –, was schließlich die Rückbil-

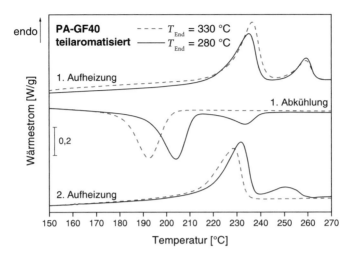

Bild 34: Einfluss der Endtemperatur auf das Schmelz- und Kristallisationsverhalten von teilaromatisier-
tem PA-GF40 schwarz (Werkstoff: IXEF 1022; Probenform: Granulat ; DSC: Anfangstemperatur
= 30 °C; Heiz-/Kühlrate: 20 K/min; Spülgas: N_2; Einwaage: 7,6 ± 0,1 mg)

dung des Ausgangszustands aufgrund der erreichten hohen Mobilität der Polymerketten, erschwert oder gar unmöglich macht. Bild 34 stellt deutlich diesen vorhandenen
Memory-Effekt dar. Es wurden in der DSC Proben aus teilaromatischem Polyamid
bis zu einer Endtemperatur von 280 bzw. 330 °C aufgeheizt und jeweils anschließend deren kalorische Eigenschaften untersucht. Alle sonstigen Messbedingungen
blieben konstant. Abhängig von der erreichten Schmelztemperatur (Endtemperatur
der DSC-Messung während der 1. Aufheizung) zeigt sich ein deutlich unterschiedliches
Kristallisations- und Schmelzverhalten in der 2. Aufheizung, während beide untersuchten Proben sich in der 1. Aufheizung weitgehend ähnlich verhalten. Bei einer Endtemperatur von 280 °C erstarrt die PA-Probe in zwei Temperaturbereichen (T_{K1} = 233 °C,
T_{K2} = 205 °C). Im Gegensatz dazu kristallisiert die bis 330 °C aufgeheizte Probe nur
noch in einem Temperaturbereich und bei niedriger Temperatur (T_K = 192 °C). In der
Folge lassen sich dann in der 2. Aufheizung auch unterschiedliche Schmelzeffekte beobachten. Die PA-Probe, welche von 330 °C abgekühlt wurde, schmilzt bereits bei ca.
229 °C, während die von 280 °C abgekühlte Probe erst bei 232 °C ihr Schmelztempe-
raturmaximum erreicht und zudem noch einen kleineren, endothermen Schmelzpeak
bei ca. 250 °C aufweist.

Üblicherweise ist eine Endtemperatur, die 30 °C oberhalb des Endes des Schmelztemperaturbereichs liegt, ausreichend, um die auftretenden kalorischen Effekte hinreichend analysieren zu können, das Erinnerungsvermögen der Probe genügend zu löschen und dabei noch keinen nachteiligen Abbau des Polymers zu riskieren.

2.5.6   Ofenatmosphäre

Sollen Reaktionen zwischen der zu untersuchenden Probe und ihrer Umgebung vermieden werden, müssen DSC-Messungen unter Inertgasatmosphäre, z. B. Stickstoff oder Helium, durchgeführt werden. Aus Kostengründen wird meistens Stickstoff eingesetzt. Stickstoff weist eine ausreichend gute Wärmeleitfähigkeit über den notwendigen Temperaturbereich (Raumtemperatur bis 600 °C) auf. Eine günstigere Wärmeübertragung wird mit Helium erreicht. Allerdings ist dieses relativ teuer und wird deshalb nur in Einzelfällen als DSC-Spülgas eingesetzt.

Mit Sauerstoff als Spülgas kann eine gezielte Oxidation der Polymerprobe hervorgerufen und somit das thermooxidative Abbauverhalten des Polymers analysiert werden.

Den unterschiedlichen Einfluss einer inerten Stickstoffatmosphäre oder einer oxidativen Sauerstoffatmosphäre im Probenraum während einer Messung auf das DSC-Ergebnis zeigt Bild 35. Das Schmelzverhalten der Proben ist unterschiedlich: die in Sauerstoffatmosphäre untersuchte Probe schmilzt etwas früher und weniger ausgeprägt. Demzufolge fand bereits vor oder während des Aufschmelzens eine oxidative Reaktion mit dem Polymer (Zersetzungsreaktion) statt. Dies bestätigt vor allem das kalorische Verhalten beim Kristallisieren und erneuten Aufschmelzen der Probe im Vergleich zur zuvor nicht oxidativ degradierten copolymeren POM-Probe. Auffällig ist weiterhin in der 2. Aufheizung der deutliche endotherme Anstieg der bei hoher Tempe-

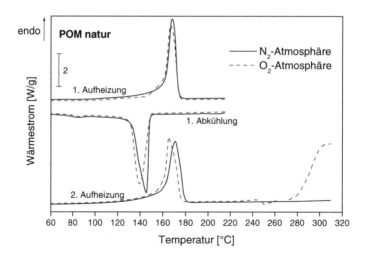

Bild 35: Einfluss der Ofenatmosphäre auf das Schmelz- und Kristallisationsverhalten von POM natur (Werkstoff: Hostaform C13021 natur; Probenform: Granulat; DSC: Anfangstemperatur = 30 °C; Heiz-/Kühlrate: 20 K/min; Einwaage: 5,0 ± 0,1 mg)

ratur in Sauerstoffatmosphäre untersuchten Probe. Ab ca. 270 °C findet die vollständige Zersetzung der POM-Probe unter Gasabspaltung statt.

Je nach Umfang und Wirksamkeit der Stabilisierung des Kunststoffes findet seine Zersetzung bei mehr oder weniger hohen Temperaturen mehr oder weniger schnell statt.

2.6 Messgenauigkeit

Anhand der Darlegungen in Kapitel 2.4 und der aufgezeigten Beispiele in Kapitel 2.5 wird deutlich, dass eine sorgfältige Probenpräparation und Messdurchführung für eine aussagekräftige DSC-Messung wichtig sind. Mögliche Einflüsse aus der Probenmasse, der Probenebenheit, der Ofenatmosphäre und dem Messprogramm (Start-/Endtemperatur, Heiz-/Kühlrate) müssen bei der Durchführung einer DSC-Messung berücksichtigt werden. Es bedarf hier definierter, auch konstanter Untersuchungsparameter, um reproduzierbare und vergleichbare DSC-Messergebnisse zu gewährleisten.

Unter Berücksichtigung und Einhaltung der diskutierten Randbedingungen kann eine gute Reproduzierbarkeit der DSC-Ergebnisse, wie in Bild 36 und 37 und in Tabelle 5 dargestellt, erreicht werden. Demnach lassen sich mit der DSC Temperaturen mit einer Toleranz von 0,3 °C und Wärmemengen mit einer Toleranz von 0,4 J/g wiederholgenau detektieren.

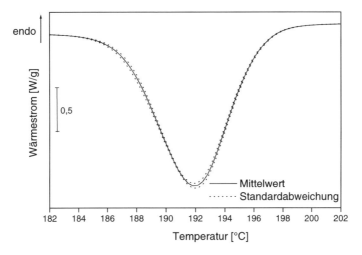

Bild 36: Messgenauigkeit der DSC-Messung am Beispiel von PBT-GF30 grau, Mittelwert und Standardabweichung aus 4 Messungen (Werkstoff: Ultradur B4300 G6 grau 05310; Probenform: Formteil; DSC: 1. Abkühlung: 280–30 °C; Kühlrate: 20 K/min; Spülgas: N_2; Einwaage: 3,5 ± 0,1 mg)

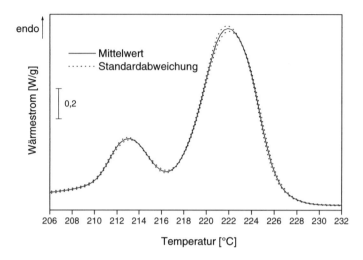

Bild 37: Messgenauigkeit der DSC-Messung am Beispiel von PBT-GF30 grau, Mittelwert und Standard-abweichung aus 4 Messungen (Werkstoff: Ultradur B4300 G6 grau 05310; Probenform: Formteil; DSC: 2. Aufheizung: 30–280 °C; Heizrate: 20 K/min; Spülgas: N_2; Einwaage: 3,5 ± 0,1 mg)

Tabelle 5: Aus den DSC-Thermogrammen (Bild 36 und 37) ermittelte charakteristische kalorische Kenn-werte; Mittelwert und Standardabweichung aus 4 Messungen

	2. Aufheizung		1. Abkühlung	
	Mittelwert	Stdabw.	Mittelwert	Stdabw.
normalisierte Enthalpie [J/g]	29,5	0,39	36,0	0,29
Onset [°C]	217,1	0,03	196,7	0,16
Peakhöhe [W/g]	1,17	0,03	1,55	0,44
Peakmaximum [°C]	221,9	0,15	192,0	0,17
Endset [°C]	226,4	0,25	186,9	0,41
Peakweite [°C]	5,6	0,15	5,5	0,29

3 Applikationen

Im Folgenden werden an praktisch relevanten Fragestellungen der Kunststofftechnik die tatsächlichen Anwendungsmöglichkeiten und -grenzen der DSC-Prüfung diskutiert.

3.1 Wareneingangskontrolle

3.1.1 Werkstoffidentifikation

Im Unterschied zu amorphen Polymeren, die keinen Schmelzbereich aufweisen, schmelzen die Kristallite der teilkristallinen Polymerwerkstoffe in einem für den jeweiligen Polymertyp charakteristischen Temperaturbereich. Die amorphen Formmassen lassen sich mittels DSC-Prüfung ausschließlich an ihrem ausgeprägten Glasübergang erkennen, wohingegen sich die teilkristallinen Thermoplaste nach ihrer Kristallitschmelztemperatur identifizieren lassen.

Die verschiedenen Polymere unterscheiden sich in den kalorischen Eigenschaften meist deutlich, wie Bild 38 und 39 sowie Tabelle 6 für amorphe und teilkristalline Polymere zeigen. Es sind die DSC-Kurven der 2. Aufheizung dargestellt, die thermische und verarbeitungsbedingte Vorgeschichte der untersuchten Granulate nehmen dadurch keinen Einfluss auf das gemessene Ergebnis.

In einzelnen Fällen kann das Schmelzverhalten eines Polymers allerdings dem eines anderen ähnlich sein, wie sich bei den Werkstoffen PA6 und PBT zeigt, Bild 38, und damit lassen sich diese nach dem Schmelzverhalten nicht differenzieren. Das Polyamid 6 und das Polybutylenterephthalat sind beides wichtige technische Kunststoffe und die bekanntesten mit ähnlichem kalorischem Verhalten.

In ihrem Erstarrungsverhalten unterscheiden sich PA6 und PBT etwas, Bild 40, insofern können die definierten und mit einer Referenzkurve bekannten Formmassen dieser Kunststoffarten wohl nach ihrer Kristallisationskurve unterschieden werden. Für eine Identifikation unbekannter PA6- und PBT-Typen ist die DSC-Prüfung dennoch nicht empfehlenswert; die mittels dynamischer Differenzkalorimetrie gemessenen Unterschiede bei PA6 und PBT sind nicht signifikant genug für eine aussagekräftige Werkstoffidentifikation. Hier wird eine zusätzliche Untersuchungsmethode benötigt, es empfiehlt sich in diesem Fall die Infrarot (IR)-Spektroskopie als geeignetes und schnelles Prüfverfahren.

Die so genannte Schwingungsspektroskopie im mittleren Infrarotbereich (MIR: Wellenzahlen von 300–4000 cm^{-1}) beruht auf der Wechselwirkung von Licht mit Materie.

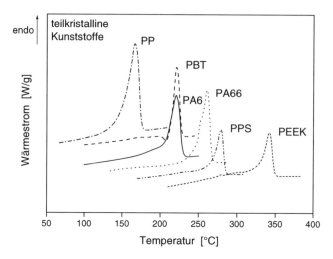

Bild 38: Schmelzverhalten verschiedener teilkristalliner Polymere (Probenform: Granulat; DSC: 2. Aufheizung; Heizrate: 20 K/min; Spülgas: N₂)

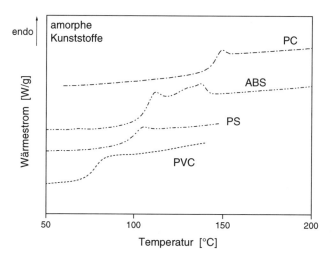

Bild 39: Schmelzverhalten verschiedener amorpher Polymere (Probenform: Granulat; DSC: 2. Aufheizung; Heizrate: 20 K/min; Spülgas: N₂)

Die Anregung einer Schwingung kann man sich anschaulich so vorstellen, dass das Molekül unter Absorption eines Lichtquants in einen höheren Schwingungszustand übergeht. Die Energiedifferenz entspricht dabei der Energie des absorbierten Lichtquants. Es treten insbesondere zwischenmolekulare Wechselwirkungen auf, wenn funktionelle

Tabelle 6: Schmelz- und Glasübergangstemperaturen einiger ausgewählter Polymere [2]

Polymer		Gefüge	Schmelz-temperatur [°C]	Glasübergangs-temperatur [°C]
Kurzform	Bezeichnung			
ABS	Acrylnitril-Butadien-Styrol	amorph		−85/95–105
PA 6	Polyamid	teilkristallin	225–235	~ 78
PA 66	Polyamid	teilkristallin	255–265	~ 90
PBT	Polybutylenerephtalat	teilkristallin	220–230	45–60
PC	Polycarbonat	amorph		145
PE-HD	Polyethylen hoher Dichte	teilkristallin	125–135	< −100
PE-LD	Polyethylen niedriger Dichte	teilkristallin	105–115	< −100
PEEK	Polyetheretherketon	teilkristallin	335	145
PET	Polyethylenterephtalat	teilkristallin	250–260	85–95
PMMA	Polymethylmethacrylat	amorph		80–90
POM	Polyoxymethylen	teilkristallin	165–175	−70
PP	Polypropylen	teilkristallin	160–165	0–20
PPS	Polyphenylensulfid	teilkristallin	285–290	85–95
PS	Polystyrol	amorph		90–110
PTFE	Polytetrafluorethylen	teilkristallin	325–330	125–130
PVC (weich)	Polyvinylchlorid	amorph		−20–70
PVC (hart)	Polyvinylchlorid	amorph		−70–80
SAN	Styrol/Acrylnitril-Copolymer	amorph		95–105

Gruppen an Wasserstoff-Brückenbindungen teilnehmen können; Moleküle mit OH-, CH-, NH- Gruppen, d. h., bei denen leichter Wasserstoff beteiligt ist, weisen verstärkt Schwingungsbanden auf. Somit ergeben sich typische Bandenmuster, welche zur Charakterisierung der untersuchten Probe genutzt werden können. Bild 41 zeigt die charakteristischen MIR-Spektren von PA6 und PBT im Vergleich. Die beiden Polymere unterscheiden sich deutlich anhand der unterschiedlich auftretenden Absorptionsbanden, sowohl in ihrer Lage (Wellenzahl) als auch in ihrer Intensität. Eine Unterscheidung von PA6 und PBT ist somit aufgrund ihrer spezifischen Absorptionsbanden („Fingerabdruck") eindeutig möglich.

Für die Identifikation von Kunststoffen mittels DSC werden üblicherweise deren aus der Literatur mehr oder weniger exakt bekannte Schmelz- und Glasübergangstemperaturen zum Vergleich herangezogen oder Werte aus eigenen, früheren Messungen und diese Daten dann mit dem aktuellen Messergebnis verglichen.

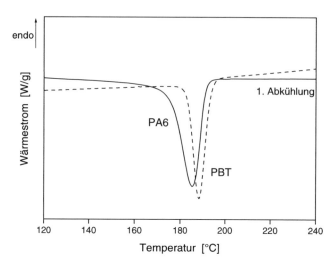

Bild 40: Kristallisationsverhalten von PA6 und PBT im Vergleich (Probenform: Granulat; DSC: 1. Abkühlung; Kühlrate: 20 K/min; Spülgas: N₂)

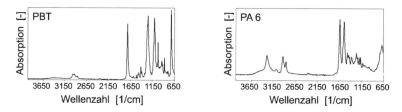

Bild 41: Charakteristische MIR-Spektren von PA6 und PBT im Vergleich

Im Falle der in der Literatur angegebenen kalorischen Daten sind häufig keine Angaben
über die angewandten Messbedingungen zu finden. Aus diesem Grund sind die in
Tabelle 6 zitierten Temperaturangaben auch nur Richtwerte und gegebenenfalls durch
eigene Messungen zu verifizieren.

Die Erstellung einer allgemein gültigen DSC-Datenbank für Kunststoffe, ähnlich einer
IR-Spektrensammlung, wäre generell wünschenswert, ist allerdings unmöglich. Das
Vorhaben scheitert daran, dass es keine allgemein gültige DSC-Probe geben kann.

Mittels DSC lassen sich nicht nur verschiedene Polymergruppen unterscheiden, es ist
auch möglich, innerhalb einer Polymergruppe verschiedene Varianten festzustellen. In
Bild 42 ist das Schmelzverhalten eines copolymeren Polyacetals POM im Vergleich zu
einer homopolymeren Variante dargestellt. Die Schmelztemperatur des Copolymers
liegt bei ca. 170 °C und die des Homopolymers bei ca. 180 °C. Copolymere enthalten

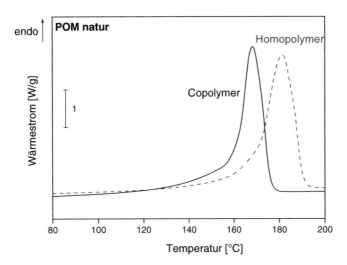

Bild 42: Schmelzverhalten verschiedener Polymerisationsarten (Werkstoff: Hostaform C13021 natur – Copolymer; Delrin 500 Cl natur – Homopolymer; DSC: 2. Aufheizung: 30–220 °C; Heizrate: 20 K/min; Spülgas: N_2; Einwaage: 5,0 ± 0,1 mg)

im Gegensatz zum Homopolymer, dessen Makromoleküle nur aus einer Monomerart bestehen, unterschiedliche Monomere. Dadurch bedingt, kristallisiert das copolymere POM vergleichsweise weniger umfangreich und schmilzt bei einer geringeren Temperatur als das Homopolymer. Der Strukturunterschied im molekularen Aufbau im Falle der betrachteten POM-Varianten bewirkt eine Änderung der Schmelztemperatur um ca. 10 °C.

3.1.2   Detektion von Rezepturkomponenten

Die DSC-Analyse ist in der Lage, verschiedene thermoplastische Polyurethane (TPU-Formmassen) mit unterschiedlichen Werkstoffrezepturen zu unterscheiden. Durch die TPU-Rezeptur wird eine spezifische molekulare Anordnung bedingt, welche kalorisch entsprechend detektiert werden kann; Bild 43. Die Peaks in den DSC-Kurven beider Materialien bei etwa 80–100 °C beziehen sich auf die vorliegende Additivierung der Werkstoffe.

Das auf MDI basierende Material TPU 80 mit einer Härte von 80 Shore A lässt nur einen kleinen Peak bei etwa 175 °C beobachten, der mit dem Auflösen der Kristallite mit kurzkettiger Anordnung verbunden ist. Das zeigt, dass der Kristallisationsgrad dieses Materials sehr gering ist. Daher ist dieses Material relativ weich und entspricht weitgehend einem amorphen Thermoplast.

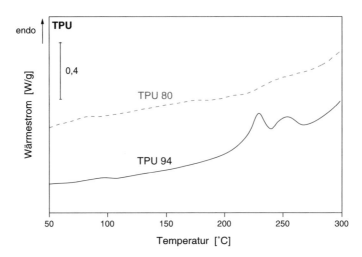

Bild 43: Schmelzverhalten verschiedener TPU-Rezepturen (Werkstoff: TPU, Härte 80 Shore A und 94 Shore A; DSC: 1. Aufheizung: 30–300 °C; Heizrate: 20 K/min; Spülgas: N$_2$; Einwaage: 3,6 ± 0,1 mg)

Das Material TPU 94 mit einer Härte von 94 Shore A ist vergleichsweise härter, was sich auch aus dem höheren Kristallisationsgrad ergibt. Sein Doppelpeak, der bei etwa 230 und 250 °C auftritt und auch als Mehrfachschmelzbereich bezeichnet wird, verweist auf das Auflösen der beiden hier vorliegenden Hartsegment-Kristallitmodifikationen (Typ I und II), die eine langkettige Anordnung besitzen.

Ebenso wie die Komponentenzusammensetzung wirkt sich die Komponentenkonzentration auf das kalorische Verhalten von Kunststoffen aus. Bild 44 zeigt die DSC-Ergebnisse unterschiedlich rezeptierter TPU-Proben. In Abhängigkeit der Menge der Rezepturkomponenten (Isocyanat und sonstige Additive) ergeben sich unterschiedliche DSC-Thermogramme.

Der erste kleine Peak, im niedrigen Temperaturbereich bei etwa 105 °C, bezieht sich auf die Additivierung des TPU-Materials. Die Peakfläche vergrößert sich mit zunehmender Menge Additiv (3fach überdosiert) und verschwindet beim Verlust der Additivierung.

Die Peaks im höheren Temperaturbereich (220 °C und höher) beziehen sich auf die Bildung so genannter Hartsegment-(HS)-Kristalliten, die morphologisch sowohl durch das Phänomen der Phasenseparation als auch das der Phasenmischung bestimmt werden. Die TPU-Originalformmasse mit normaler Rezepturkomposition besitzt zwei Typen von HS-Kristalliten. Ein Überschuss an Isocyanat während der Polymersynthese beeinflusst die Bildung der HS-Kristallite. Durch einen sehr hohen Überschuss an Isocyanat nimmt der Grad der Phasenmischung zu, was wiederum die Kristallisation der HS-Kristallite des Typs I begünstigt. Der Schmelzpeak der HS-Kristallite des Typs I

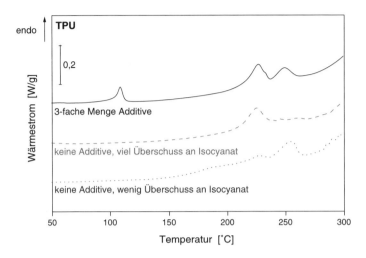

Bild 44: Einfluss der Menge von Additiven und Rohstoffkomponenten (Isocyanat) in TPU auf das DSC-Ergebnis (Werkstoff: TPU, Härte 94 Shore A; DSC: 1. Aufheizung: 30–300 °C; Heizrate: 20 K/min; Spülgas: N_2; Einwaage: 3,6 ± 0,1 mg)

existiert noch, während der Peak der HS-Kristallite des Typs II verschwindet. Im Falle eines nur geringen Überschusses an Isocyanat ist der Grad der Phasenseparation höher, welcher deutlich die Bildung der HS-Kristallite des Typs II begünstigt.

3.1.3   Detektion von Chargenunterschieden

Kunststoffformmassen werden chargenweise hergestellt. Im Rahmen der Polymersynthese und Compoundierung können Schwankungen auftreten, welche letztlich zu Chargenunterschieden beim Kunststoffverarbeiter führen. Mit Hilfe der DSC ist es möglich, solche Materialschwankungen gegebenenfalls zu erfassen und zu bewerten. In Bild 45 sind die gemessenen DSC-Thermogramme von drei verschiedenen Chargen eines nominell einheitlichen, copolymeren Standard-POMs (POM schwarz) dargestellt. Es lässt sich deutlich das unterschiedliche Kristallisationsverhalten der verschiedenen Chargen erkennen. Sowohl die Kristallisationstemperatur, der Kristallisationsbeginn und das -ende als auch die jeweiligen Peakweiten (Kristallisationstemperaturbereich), welche direkt der jeweils erzeugten Kristallitgrößenverteilung zuordenbar sind, unterscheiden sich deutlich in ihrem Betrag; Tabelle 7.

Beim Erstarren der Kunststoffschmelzen der verschiedenen Chargen unter einheitlichen Kristallisationsbedingungen bilden sich somit unterschiedliche morphologische Strukturen aus, welche sich direkt auf die spezifischen Eigenschaften des jeweiligen Formteils auswirken. Übertragen auf die Kunststoffverarbeitung, bedeutet dies wie-

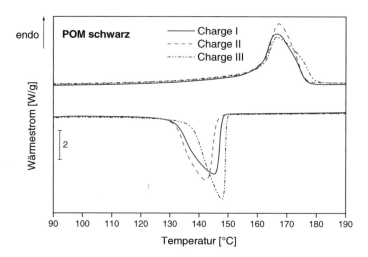

Bild 45: Schmelz- und Kristallisationsverhalten verschiedener Chargen (Werkstoff: Hostaform C13021 schwarz 14; Probenform: Granulat; DSC: 1. Abkühlung, 2. Aufheizung: 290–30–290 °C; Heiz-/Kühlrate: 20 K/min; Spülgas: N_2; Einwaage: 5,0 ± 0,1 mg)

Tabelle 7: Charakteristische, kalorische Kennwerte der in Bild 45 untersuchten POM-Proben verschiedener Chargen (Auswertegrenzen: 2. Aufheizung: 90–200 °C, 1. Abkühlung: 60–190 °C)

	2. Aufheizung			1. Abkühlung		
	Charge I	Charge II	Charge III	Charge I	Charge II	Charge III
normalisierte Enthalpie [J/g]	176	168	165	−178	−172	−169
Onset [°C]	160,6	160,1	159,4	149,6	148,3	146,3
Peakhöhe [W/g]	4,2	3,3	3,6	6,1	4,3	4,7
Peakmaximum [°C]	167,4	166,6	166,6	147,9	145,1	142,2
Endset [°C]	176,2	179,2	176,5	137,4	131,3	131,3
Peakweite [°C]	9,2	12,3	10,6	7,2	10,9	9,6

derum, dass die Gebrauchseigenschaften der Formteile trotz gleich bleibender Verarbeitungsbedingungen aufgrund chargenabhängiger Materialschwankungen unterschiedlich sind und damit differierende Qualitätseigenschaften aufweisen können.

3.1.4   Detektion von Mischungen

Zur Modifikation der Eigenschaften von Kunststoffen werden diese häufig mit Additiven, Füll- oder Verstärkungsstoffen versetzt. Dies können beispielsweise Verarbeitungshilfen, Schlagzähmodifikatoren, mineralische Füllstoffe oder Fasern sein, welche meist in der Schmelze in das Grundpolymer eingearbeitet werden. Solche Kunststoffverbundsysteme werden oft als Compound bezeichnet, wohingegen ein Blend eine Werkstoffmischung aus mindestens zwei Basispolymeren darstellt.

Mit Hilfe der DSC-Prüfung lassen sich Werkstoffmischungen feststellen, wenn mehrere Glasübergangstemperaturen oder Schmelzbereiche im gemessenen Thermogramm existieren.

Bild 46 zeigt die DSC-Kurven der 2. Aufheizung und 1. Abkühlung eines PA6-GF30/PP-Blends mit einem Mischungsverhältnis 70 zu 30 Gew. %. Der 1. Schmelzpeak bei 161 °C zeigt den Polypropylenanteil, und der 2. Peak bei 162 °C gibt den Polyamid-6-Anteil wieder. Entsprechend finden sich in der Erstarrungskurve ebenfalls zwei ausgezeichnete Kristallisationspeaks bei 111 und 230 °C.

Die mengenmäßige Zusammensetzung eines Blends, welches beispielsweise aus zwei kristallisationsfähigen Kunststoffen besteht, kann in den meisten Fällen nur abgeschätzt werden. Dabei dürfen sich allerdings die einzelnen polymeren Phasen nicht

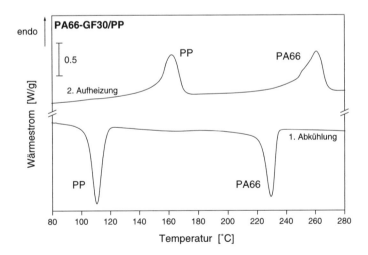

Bild 46: Kalorisches Verhalten einer Mischung aus PA6-GF30 und PP (70 zu 30 Gew. %) (Werkstoffe: Ultradur B4300 G6 schwarz und Stamylan 17M10 natur; Probenform: Granulat; DSC: 1. Abkühlung, 2. Aufheizung: 300–30–300 °C; Kühl-/Heizrate: 20 K/min; Spülgas: N_2; Einwaage: $5{,}0 \pm 0{,}1$ mg)

gegenseitig in ihrer Kristallisation beeinflussen, indem sie z. B. nukleierend wirken. Eine quantitative Bestimmung der einzelnen Komponenten erfolgt meist durch den relativen Vergleich entweder der jeweiligen Schmelzenthalpien oder der Peakhöhen. Bei dem hier dargestellten Beispiel des Blends aus 70 Gew. % PA6-GF30 und 30 Gew. % PP wirken sowohl die Glasfaser als auch die Polymermatrix PA6 nukleierend auf das PP. Daher ergeben sich nahezu identische Schmelzenthalpien ($\sim$ 33 J/g) und Peakhöhen ($\sim$ 0,64 W/g) in der 2. Aufheizung.

3.1.4.1   Detektion von Mehrschichtfolien

Durch die Herstellung von Verbundfolien lassen sich Verpackungsfolien mit besonderen Funktionseigenschaften erzeugen. Coextrudierte Verbundfolien können dabei bis zu sieben Schichten aufweisen und aus unterschiedlichen Polymeren oder Deckschichten und Rezyklatschichten bestehen; sie können auch diffusionsdichte Barriereschichten enthalten.

Ebenso wie Werkstoffmischungen sind auch einzelne Komponenten von Mehrschichtfolien mit der dynamischen Differenzkalorimetrie DSC detektierbar.

Die nachfolgend dargestellten Ergebnisse, siehe Bild 47, zeigen die kalorischen Unterschiede zwischen zwei einheitlich 1,5 mm dicken PP-Verbundfolien, welche jeweils mit Sauerstoffsperrschicht ausgerüstet sind.

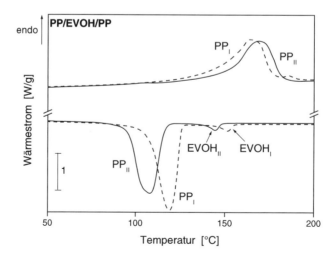

Bild 47: Detektion der einzelnen Komponenten zweier Verbundfolien mit unterschiedlicher EVOH-Sperrschicht (Werkstoff: Verbundfolie; DSC: 1. Abkühlung, 2. Aufheizung: 230–30–230 °C; Kühl-/Heizrate: 20 K/min; Spülgas: N$_2$; Einwaage: 5,0 $\pm$ 0,1 mg)

Tabelle 8: Ethylengehalt und zugehörige Kristallisationstemperatur für unterschiedliche EVOH-Typen

Probe	Ethylengehalt [%]	Kristallisationstemperatur von EVOH [°C]
Folie I	44	145
Folie II	38	152

Die hier untersuchten Folien unterscheiden sich sowohl in ihren äußeren PP-Schichten in der Farbe bzw. der resultierenden Nukleierungswirkung als auch in der mittleren Sperrschicht aus EVOH. Hier wurden offensichtlich EVOH-Typen mit unterschiedlichen Ethylengehalten eingesetzt. Die Grundstruktur von EVOH basiert auf einer geschlossenen Kette aus Vinylalkohol, welche durch Copolymerisation mit Ethylen modifiziert wird. EVOH findet in der Folienextrusion Einsatz, um die Extrudierbarkeit, Wasserresistenz, Gasdurchlässigkeit und Transparenz von Folien zu verbessern. Die verschiedenen EVOH-Typen unterscheiden sich im Wesentlichen in ihrem Ethylengehalt und damit in ihrer Kristallisationstemperatur; mit abnehmendem Ethylengehalt steigt die Kristallisationstemperatur.

Die untersuchten Folien besitzen EVOH-Sperrschichten mit stark unterschiedlichen Kristallisationstemperaturen von 145 °C und 152 °C, wodurch sich der jeweilige Etylengehalt gemäß Tabelle 8 ergibt.

3.1.5   Detektion und Einfluss von Stabilisatoren

Die Detektion und Erfassung von Additivgehalten in Kunststoffen mittels DSC-Prüfung ist kritisch zu betrachten. Additive werden in der Regel nur in einem geringen, prozentualen Gewichtsanteil einem Kunststoff zugegeben, und sie können deshalb einer kalorischen Untersuchungen verborgen bleiben. Im vorliegenden Untersuchungsbeispiel ist eine quantitative Bestimmung des zum Polymer zudosierten Thermostabilisatorgehalts möglich. Die Genauigkeit der quantitativen Analyse hängt von der Empfindlichkeit der für die Untersuchungen verwendeten DSC-Apparatur ab. Nach Literaturangaben liegt die unterste, erfassbare Grenze bei etwa 1 % Additivierungsanteil.

Bild 48 bzw. der daraus vergrößerte Ausschnitt des Thermogramms (Bild 49) zeigen, dass auch noch kleinere Mengen an zudosiertem Additiv, hier Thermostabilisator des Typs Irganox, erfasst werden können. Mit zunehmender Dosierung des Thermostabilisators vergrößert sich der diesem Stoff zugehörige Schmelzpeak bei 116 °C, Tabelle 9.

Der Einfluss des zudosierten Thermostabilisators auf das Abbauverhalten der untersuchten reinen, homopolymeren Polypropylen PP ist in Bild 50 dargestellt. Die Stabilisierung des gegen einen thermooxidativen Angriff ungeschützten Rohpolymers durch

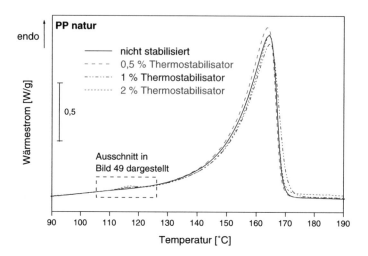

Bild 48: Schmelzverhalten von reinem Polypropylen PP mit unterschiedlichem Gehalt an Thermostabilisator (Werkstoff: PP natur; Probenform: Pulver; DSC: 1. Aufheizung: 30–230 °C; Kühl-/Heizrate: 20 K/min; Spülgas: N_2; Einwaage: 5,7 $\pm$ 0,1 mg)

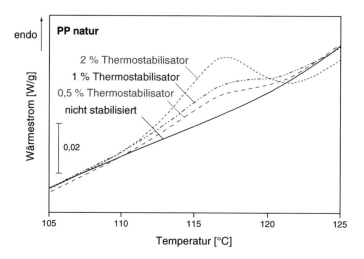

Bild 49: Vergrößerter Ausschnitt von 105–125 °C des in Bild 48 dargestellten Thermogramms

eine geeignete Additivierung soll seine vorzeitige thermische und oxidative Alterung verhindern. Die Wirkung des Stabilisators kann mit Hilfe der DSC-Prüfung erfasst werden. Dazu werden die verschiedenen Proben dynamisch unter Sauerstoffatmosphäre aufgeheizt und der Beginn einer eintretenden, exothermen Zersetzungsreaktion der jeweiligen Probe beobachtet. Die nicht stabilisierte PP-Probe beginnt sich sofort nach

Tabelle 9: Charakteristische, kalorische Kennwerte der in Bild 48 und 49 dargestellten Thermogramme von PP (Auswertegrenzen: Peak I: 107–122 °C, Peak II: 90–175 °C)

Thermostabilisatorgehalt	Peak I				Peak II			
	2 %	1 %	0,5 %	0 %	2 %	1 %	0,5 %	0 %
normalisierte Enthalpie [J/g]	0,21	0,056	0,024	–	67	71	76	74
Onset [°C]	110	107	107	–	149,3	148,1	147,5	147,5
Peakhöhe [W/g]	0,013	0,003	0,002	–	1,4	1,3	1,5	1,4
Peakmaximum [°C]	116	116	116	–	164,2	164,2	163,5	163,9
Endset [°C]	120	122	122	–	169,1	170,6	168,7	169,1
Peakweite [°C]	5,3	5,0	4,8	–	11,7	13,1	12,4	12,6

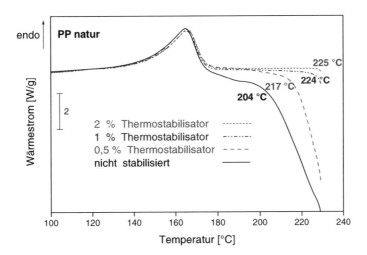

Bild 50: Abbauverhalten von PP mit unterschiedlichem Gehalt an Thermostabilisator (Werkstoff: PP natur; Probenform: Pulver; DSC: 1. Aufheizung: 30–230 °C; Heizrate: 20 K/min; Spülgas: O₂; Einwaage: 5,7 ± 0,1 mg)

ihrem vollständigen Aufschmelzen exotherm zu zersetzen, während die stabilisierten Proben erst bei höheren Temperaturen oxidativ reagieren. Durch den Zusatz von 2 % Stabilisator ist eine ausreichende Stabilisierung des Polymers gegen eine frühzeitige thermooxidative Alterung erreicht.

3.1.6   Detektion einer Nukleierung

Zur gezielten Optimierung der Gebrauchseigenschaften von Kunststoffhalbzeugen und
-formteilen aus kristallisationsfähigen Kunststoffen und zu deren schnelleren Verarbeitung durch eine Beschleunigung ihres Kristallisationsverhaltens und damit der Reduzierung der erforderlichen Zykluszeit werden in der Praxis den Kunststoffen oft so
genannte Nukleierungsmittel oder Keimbildner zugesetzt. Diese wirken sich bei den
teilkristallinen Polymeren auf die Kristallisationsgeschwindigkeit und nachfolgend auf
den erreichbaren Kristallisationsgrad der ausgebildeten sphärolithischen Morphologie, auch auf die erzeugte Sphärolithgröße aus.

Bei nicht nukleierten, teilkristallinen Polymeren beginnt die Kristallisation des Kunststoffs erst nach einer Unterkühlung seiner Schmelze zunächst mit der Ausbildung von
Kristallisationskeimen. Im weiteren Erstarrungsverlauf wachsen kristalline Überstrukturen, so genannte Sphärolithe, temperaturabhängig um diese ausgebildeten Kristal-
lisationskeime. Durch gezielte Zugabe von zusätzlichen Keimbildnern (Nukleierungsmittel), aber auch durch in das Polymer eingebrachte Verunreinigungen oder Farbpigmente kommt es zu einer Fremdnukleierung, wodurch keine besondere Unterkühlung
der Schmelze zur Ausbildung von stabilen Keimen mehr notwendig ist. Die Kristall-
lisation des Polymers kann dadurch bereits bei höherer Temperatur starten, indem
sich durch die große Anzahl vorliegender Keime mehrere Sphärolithe, jetzt allerdings
mit kleinerem Durchmesser, gleichzeitig ausbilden. Dadurch entsteht im Vergleich zur
reinen Polymerschmelze bei gleichen Abkühlbedingungen ein feinsphärolithischeres
morphologisches Gefüge im Festkörper und demzufolge ein anderes Eigenschaftsbild
der aus der Schmelze abgekühlten Kunststoffformteile. Zudem werden bei der spritzgießtechnischen Fertigung einheitlichere Produktqualitäten bei gleichzeitiger Steige-
rung der Produktivität erreicht.

Die Auswirkungen gezielt zugesetzter Nukleierungsmittel auf den Kristallisations-
verlauf eines Kunststoffs sind in Bild 51 und Tabelle 10 am Beispiel verschiedener
PP-Formmassen dargestellt. Es handelt sich dabei um kommerziell verfügbare PP-
Formmassen des gleichen Polymertyps, wobei die nukleierte Type ein für PP stark
wirksames organisches Nukleierungsmittel enthält. Durch den Zusatz eines Nukleierungsmittels verschiebt sich die Kristallisationstemperatur des Polymers zu höherer
Temperatur. Die nukleierte Formmasse kristallisiert bereits bei einer Temperatur von
125 °C, dagegen erstarrt die nicht nukleierte PP-Formmasse erst ca. 18 °C tiefer bei
einer Kristallisationstemperatur von 107 °C.

Die Auswirkungen der unterschiedlichen Kristallisationsgeschwindigkeiten auf die
Morphologie des untersuchten PP im Formteil zeigen die in Bild 52 dargestellten
lichtmikroskopischen Aufnahmen im Durchlicht an Dünnschnitten (Schnittdicke etwa
10 µm).

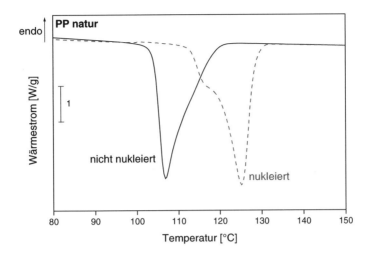

Bild 51: Kristallisationsverhalten einer nicht nukleierten und nukleierten PP-Probe (Werkstoff: PP natur; Probenform: Granulat; DSC: 1. Abkühlung: 280–30 °C; Kühl-/Heizrate: 20 K/min; Spülgas: N_2; Einwaage: 2,0 ± 0,1 mg)

Tabelle 10: Charakteristische, kalorische Kennwerte der in Bild 51 untersuchten PP-Proben (Auswertegrenzen: 1. Abkühlung: 80–150 °C)

	1. Abkühlung	
	nicht nukleiert	**nukleiert**
normalisierte Enthalpie [J/g]	−92	−94
Onset [°C]	114,9	128,9
Peakhöhe [W/g]	3,9	4,0
Peakmaximum [°C]	106,8	125,1
Endset [°C]	103,9	118,3
Peakweite [°C]	6,7	6,0

Beim nukleierten PP ist die morphologische Struktur im Vergleich zum nicht nukleierten PP wesentlich feinsphärolithischer ausgebildet. Das nicht nukleierte PP bildet Sphärolithe mit einem Durchmesser von 20 bis 30 µm aus. Im Gegensatz dazu liegt der Sphärolithdurchmesser beim nukleierten PP-Gefüge weit unter 1 µm und ist deshalb mit den lichtmikroskopischen Untersuchungsmethoden nicht mehr visualisierbar.

Bei Polypropylen PP können drei verschiedene Modifikationen der kristallinen, morphologischen Überstruktur auftreten, welche als α-, β- und γ-Modifikationen bezeich-

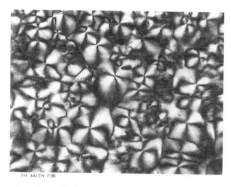 

a) nicht nukleiert   b) nukleiert

Bild 52: Lichtmikroskopische Aufnahmen der morphologischen Struktur verschieden nukleierter PP-Werkstoffe im Durchlicht, 360fache Vergrößerung

net werden. Sehr häufig treten die α- und β-Modifikation in variabler Zusammensetzung nebeneinander auf. Durch die Zugabe eines bestimmten Nukleierungsmittels kann die morphologische Zusammensetzung des polymeren Werkstoffs nach seiner Erstarrung aus der Schmelze zum Festkörper vorherbestimmt werden. Wie Bild 51 zeigt, kristallisieren die beiden untersuchten PP-Formmassen in Form eines Doppelpeaks. Bei der nukleierten Formmasse ist der erste, bei höherer Temperatur gemessene Peak erkennbar ausgeprägter als der zweite Peak. Das deutet darauf hin, dass im Falle der nukleierten Formmasse bevorzugt die α-Modifikation und weniger die β-Modifikation ausgebildet wird. Im Gegensatz dazu scheint bei der nicht nukleierten Formmasse die Ausbildung der β-Modifikation (Peakmaximum bei circa 107 °C) begünstigt zu sein.

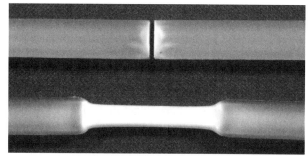

Bild 53: Deformationsverhalten an der Bindenaht eines Formteils aus nukleiertem und nicht nukleiertem PP (Werkstoff: Daplen HB 600 TF (nicht nukleiert), Daplen HB 671 TF (nukleiert); Probenform: Schulterstab 10 × 4 mm²)

Die bereits diskutierten, morphologischen Änderungen in einem Polymer durch den Zusatz von Nukleierungsmitteln wirken nachhaltig auf dessen Gebrauchseigenschaften; Bild 53.

Bei mechanischer Belastung eines spritzgegossenen Probekörpers mit stumpfer Bindenaht aus homopolymerem Polypropylen PP bricht die aus nukleiertem Werkstoff hergestellte – und damit schneller kristallisierende – Probe spröd an der Bindenaht (Bild 53 und 52b). Im Gegensatz dazu bildete das nicht nukleierte, somit langsamer kristallisierende und grobsphärolithischere PP eine bessere Bindenaht aus. Diese verformt sich zäh und bricht schließlich erst bei mehreren hundert Prozent Dehnung. Beide untersuchten Proben wurden unter gleichen Prozessbedingungen gefertigt.

3.1.7   Detektion und Einfluss von Farbe

Zur Herstellung von eingefärbten Formteilen oder Halbzeugen aus Kunststoff werden entweder masseeingefärbte Formmassen verwendet, oder es wird der naturfarbenen Formmasse ein Farbkonzentrat (Masterbatch) zur Einfärbung zugegeben. Als Trägerwerkstoff für die Herstellung von so genannten Universalfarbkonzentraten dienen häufig Harzformulierungen oder Polyolefine. Bei der Fremdeinfärbung eines Kunststoffs können verarbeitungs- und werkstofftechnische Probleme auftreten, wenn die Schmelzbereiche des eingesetzten Farbkonzentrats und der einzufärbenden Formmasse stark differieren.

DSC-Untersuchungen erlauben sowohl, mögliche Farbkonzentrate zu qualifizieren, als auch den Verarbeitungstemperaturbereich der einzufärbenden Formmasse.

Bild 54 zeigt das unterschiedliche Schmelzverhalten einer verstärkten PP-Formmasse und des für die Einfärbung vorgesehenen Farbkonzentrats. Das Farbkonzentrat ist bereits bei 118 °C vollständig aufgeschmolzen, während die PP-Formmasse in diesem Temperaturbereich erst zu schmelzen beginnt. Die Schmelztemperaturen unterscheiden sich folglich um etwa 48 °C. Mit einer Schmelztemperatur des Farbkonzentrats von 117 °C handelt es sich bei diesem Einfärbemittel offensichtlich um ein dem einzufärbenden Kunststoff nicht adaptiertes Universalfarbbatch.

Um farbige Formteile mit optimalen, werkstofflichen Eigenschaften bei guter Schmelzeverarbeitbarkeit und Prozessfähigkeit zu erzielen, sollten zur Einfärbung von Formmassen bevorzugt adaptierte Farbkonzentrate mit einer dem einzufärbenden Polymer verwandten Matrix dosiert werden. Dies realisiert, dass sowohl die einzufärbende polymere Formmasse als auch das Farbkonzentrat bei einheitlicher Temperatur aufschmelzen und damit unproblematisch gemeinsam verarbeitbar sind.

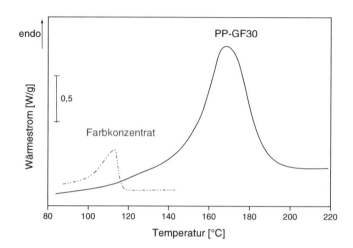

Bild 54: Schmelzverhalten eines Polymers (PP-GF 30) und des für seine Einfärbung geplanten Farbkonzentrats (Werkstoff: PP-GF 30 und Farbkonzentrat; Probenform: Granulat; DSC: 2. Aufheizung: 30–230 °C; Heizrate: 20 K/min; Spülgas: N$_2$)

Sind die Schmelzverhalten von Farbkonzentrat und die des einzufärbenden Polymers verschieden, führt dies häufig zu Einzugsproblemen der Formmasse bei der Verarbeitung, da das niedrig schmelzende und folglich bereits aufgeschmolzene Farbkonzentrat auf der Schnecke einen Schmelzefilm bildet und damit die Förderung der Kunststoffformmasse verhindert. Wird die Temperatur im Einzugsbereich zur Reduzierung dieser beschriebenen Problematik herabgesetzt, dann führt dies in der Folge zu einer nicht homogenen Dispergierung infolge einer verkürzten Aufschmelzzone.

Bild 55 zeigt ein weiteres Beispiel für die Einsatzfähigkeit der DSC-Prüfung zur Charakterisierung von verschieden eingefärbten Kunststoffen. Es handelt sich bei den hier untersuchten Formmassen um unverstärktes Polybutylenterephthalat PBT, dem in einem Fall Ruß zur Schwarzeinfärbung zugesetzt wurde. Der Ruß zeigt neben einer koloristischen Wirkung bei diesem Kunststoff auch einen stark nukleierenden Einfluss. Dies führt bei dem teilkristallinen PBT, wie bereits im vorherigen Kapitel diskutiert, zu einer Erhöhung seiner Kristallisationsgeschwindigkeit infolge einer Fremdnukleierung der polymeren Matrix mit feindispergiertem Ruß.

Bei einer Verarbeitung der schwarzen Formmasse zu Formteilen entstehen im Vergleich zur Verarbeitung der naturfarbenen Formmasse bei sonst gleichen Verarbeitungs- und Abkühlbedingungen Teile mit einem deutlich feiner kristallinen Gefüge und demzufolge unterschiedlichen Gebrauchseigenschaften. Überdies können bei einer Substitution der naturfarbenen Formmasse durch die schwarz eingefärbte Formmasse verarbeitungstechnische Probleme infolge des deutlich beschleunigten Erstar-

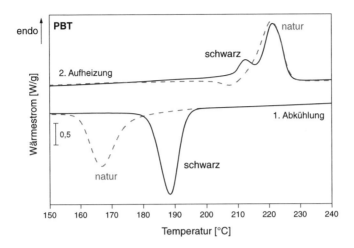

Bild 55: DSC-Thermogramm verschieden eingefärbter Formmassen aus PBT (Werkstoff: Ultradur B4520 schwarz 0110; Probenform: Granulat; DSC: 1. Abkühlung, 2. Aufheizung: 280–30–280 °C; Heiz-/ Kühlrate: 20 K/min; Spülgas: N_2; Einwaage: $3,5 \pm 0,1$ mg)

rungsverhaltens erwartet werden. Dies gilt insbesondere für die Herstellung von dünn-wandigen Formteilen mit ausgedehnten Fließwegen.

Die unterschiedlichen Nukleierungswirkungen der verschiedenfarbigen Formmassen und daraus resultierenden, verschiedenen Gefügestrukturen bei einer Verarbeitung der Formmassen zum Formteil können mit Hilfe der DSC-Prüfung anhand der detektierten, unterschiedlichen Schmelz- und Kristallisationsverhalten deutlich sichtbar erkannt werden (Bild 55). Vergleichende lichtmikroskopische Gefügeaufnahmen (Bild 56) bestätigen weiter diesen Sachverhalt.

Die schwarz eingefärbte Formmasse kristallisiert im Gegensatz zur naturfarbenen Formmasse ($T_{k(natur)} = 167\,°C$) bereits bei einer Temperatur von $189\,°C$, zudem erstarrt die mit Ruß nukleierte Formmasse in einem vergleichsweise engeren Temperaturbereich, was die zu gegenüberstellenden kalorischen Daten der beiden untersuchten Proben – nämlich Peakweite und -höhe, Onset- und Endset-Temperaturen der Kristallisation (Tabelle 11) – auch wiedergeben. Diese für die Bewertung der Ausbildung einer Kristallinität charakteristischen DSC-Kennwerte lassen im Falle der schwarzen Formmasse tatsächlich auf ein entstehendes, feinsphärolithisches Gefüge schließen, was dann die lichtmikroskopischen Gefügeuntersuchungen am Dünnschnitt auch klar belegen. Die unterschiedliche Gefügestruktur der beiden untersuchten Proben wird infolge ihrer verschiedenen Erstarrungskinetik zudem in der DSC-Kurve ihrer 2. Aufheizung ersichtlich.

Tabelle 11: Charakteristische, kalorische Kennwerte der in Bild 55 untersuchten PBT-Proben (Auswerte-grenzen: 2. Aufheizung: 160–250 °C, 1. Abkühlung: 120–210 °C)

	2. Aufheizung			1. Abkühlung	
	schwarz		natur	schwarz	natur
	Peak$_{gesamt}$	Peak I			
normalisierte Enthalpie [J/g]	38	9	38	−48	−44
Onset [°C]	215,8	207,8	213,0	193,6	175,9
Peakhöhe [W/g]	1,4	0,5	1,5	2,1	1,3
Peakmaximum [°C]	221,1	212,6	220,8	188,5	166,7
Endset [°C]	226,6	221,6	226,9	181,9	158,9
Peakweite [°C]	16,2	9,8	8,1	6,6	9,3

Durch den Zusatz des Farbrußes zum Kunststoff wird also eine nukleierende Wirkung erzeugt, welche eine homogenere und feinsphärolithischere Morphologie in einem schwarz eingefärbten Formteil erzielen lässt, im Vergleich zu einem naturfarbenen Formteil. Dadurch unterscheiden sich die beiden unterschiedlich farbenen, aus identischem Werkstoff gefertigten Formteile aber auch in ihren Gebrauchseigenschaften. Wie das Bild 56 und 57 zeigt, verbessern sich die Härte und das Kriechverhalten des Kunststoffs durch Zugabe des Farbrußes, seine Kerbschlagzähigkeit hingegen wird reduziert, und es ist auch mit einer erhöhten Verarbeitungsschwindung im Falle der schwarzen Formmasse zu rechnen.

Zudem ergibt sich in Folge der höheren Kristallisationstemperatur und daraus resultierenden schnelleren Erstarrung der schwarzen Polymerschmelze eine Reduktion der Kühlzeit während ihrer Verarbeitung. Das erzeugte Formteil ist im Falle des „nukleierten" schwarzen Polymers schneller formstabil und kann deshalb früher entformt werden, es ergibt sich somit insgesamt eine Zykluszeitverkürzung.

Zu beachten ist allerdings, dass ein hochwirksames Nukleierungssystem, wie beispielsweise der diskutierte Ruß im PBT, bei der Herstellung von dünnwandigen Formteilen oder Teilen mit großen Fließweg-Wanddickenverhältnissen zu Füllproblemen führen kann. Die Zeit bis zur vollständigen Erstarrung der Polymerschmelze im Werkzeug zum Formteil verkürzt sich und kann dadurch jetzt kürzer sein, als die tatsächlich benötigte Füllzeit für die vollständige Ausbildung der Formteilgeometrie. Weiterhin bewirkt eine beschleunigte Kristallisationskinetik eine reduzierte Bindenahtfestigkeit bei sonst gleichen Verarbeitungsbedingungen, da die ausbildenden Fließfronten vergleichsweise schneller erstarren und sich dadurch schlechter verbinden können.

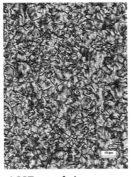

a) PBT naturfarben   b) PBT schwarz

Bild 56: Lichtmikroskopische Aufnahmen der Gefügestruktur von spritzgegossenen Formteilen aus unverstärktem PBT unterschiedlicher Farbe

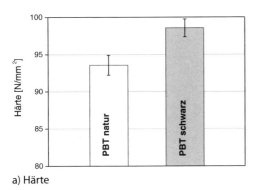
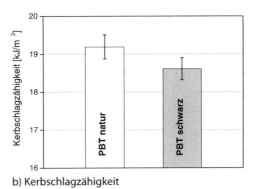

a) Härte   b) Kerbschlagzähigkeit

Bild 57: Einfluss der Farbe auf die mechanischen Eigenschaften von Formteilen aus unverstärktem PBT (Mittelwerte aus 10 Messungen)

In Bild 59 wird der Einfluss funktional und koloristisch unterschiedlicher Graufärbungen auf das Kristallisationsverhalten eines Polymers aufgezeigt, die durch Zugabe von verschiedenen Farbrußen in unterschiedlicher Konzentration zum Polymer entstehen. Im Falle des untersuchten Kunststoffs handelt es sich ebenfalls um ein Polybutylenterephthalat PBT, welches hier allerdings mit 30 % Glasfaser verstärkt vorliegt. Die verschiedenen Graufärbungen werden durch unterschiedliche Mengen an zugesetztem Ruß erreicht. Die zu beobachtende Änderung der Kristallisationstemperatur des Polymers zu höheren Temperaturen wird durch die additivierte Menge an Ruß bestimmt; umso größer der Rußgehalt ist, desto früher kristallisiert die Formmasse; Tabelle 12.

Die Konsequenzen für die Kunststofftechnik aus den dargelegten Untersuchungsergebnissen sind: Naturfarbene und eingefärbte Formmassen aus einheitlichem Grund-

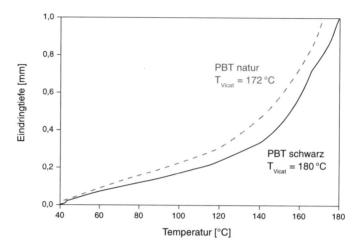

Bild 58: Einfluss der Farbe auf das Kriechverhalten von unverstärktem PBT

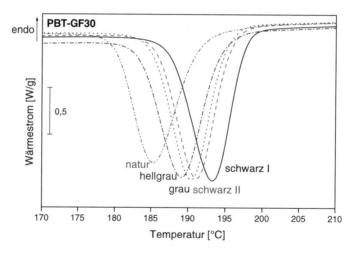

Bild 59: Kristallisationsverhalten verschieden eingefärbter PBT-Formmassen (Werkstoff: Ultradur B4300 G6; Probenform: Granulat; DSC: 1. Abkühlung: 280–30 °C; Kühlrate: 20 K/min; Spülgas: N_2; Einwaage: 3,5 ± 0,1 mg)

werkstoff lassen sich nicht beliebig substituieren. Eine Einfärbung bewirkt bei kristallisationsfähigen Kunststoffen eine beschleunigte Kristallisationskinetik sowie – damit verbunden – eine unterschiedliche Gefügeausbildung. Hierdurch ändern sich die Verarbeitbarkeit der Formmasse, ihr Schwindungsverhalten und die Gebrauchseigenschaften des daraus hergestellten Formteils. Im Sinne einer Qualitätssicherung müssen diese Zusammenhänge berücksichtigt werden.

Tabelle 12: Charakteristische kalorische Kennwerte der in Bild 59 untersuchten Proben (Auswertegrenzen: 1. Abkühlung: 120–210 °C)

	1. Abkühlung				
	natur	**hellgrau**	**grau**	**schwarz II**	**schwarz I**
normalisierte Enthalpie [J/g]	−35	−35	−35	−34	−35
Onset [°C]	191,9	194,5	195,5	196,2	197,9
Peakhöhe [W/g]	1,5	1,6	1,7	1,6	1,6
Peakmaximum [°C]	185,4	189,1	190,4	191,1	193,4
Endset [°C]	180,2	183,2	185,2	185,9	187,5
Peakweite [°C]	6,7	6,3	6,0	5,6	6,0

3.1.8   Bestimmung der Füllstoffmenge

Eine Polymerprobe benötigt zum Schmelzen ihrer kristallinen Anteile Wärme. Je nach Menge an Polymer und dessen Kristallinitätsgrad ist mehr oder weniger Energie zum Aufschmelzen der Probe notwendig, die Schmelzenthalpie ist hierfür ein Maß. Unter der Annahme, dass alle polymeren Proben einheitlichen Polymertyps bei definierten und geregelten Abkühlbedingungen aus der Schmelze zu gleichen Anteilen kristallisieren, entspricht die benötigte Schmelzenergie zum erneuten Aufschmelzen der Proben in der 2. Aufheizung der vorhandenen, absoluten Menge an Polymer in den jeweils untersuchten DSC-Proben. Demzufolge ist die gemessene Schmelzenthalpie der 2. Aufheizung dem Polymergehalt der Probe proportional, wenn, unabhängig vom Füllstoffgehalt, immer die gleiche Probenmenge zur kalorischen Untersuchung verwendet wird.

Anders ausgedrückt, eine ungefüllte, teilkristalline Polymerprobe benötigt entsprechend ihrem kristallinen Anteil eine bestimmte Energiemenge zum Aufschmelzen. Eine zu vergleichende gefüllte Probe (Verbundwerkstoff) gleicher Einwaage bedarf hingegen entsprechend ihrem thermisch inerten Füllstoffgehalt weniger Energie zum Aufschmelzen. Somit ist in letzterem Fall der Füllstoffgehalt der Probe der gemessenen Schmelzenthalpie indirekt proportional. Die Abhängigkeit der Schmelzenthalpie vom Glasfasergehalt zeigt Bild 60. Untersucht wurden verschieden eingefärbte PBT-Proben mit unterschiedlichen Füllstoffgehalten an Kurzglasfaser. Mit steigendem Glasfasergehalt verringert sich die Schmelzwärme erwartungsgemäß aufgrund des abnehmenden Polymergehalts in der Probe. Die gemessene Abnahme ist allerdings unproportional, offensichtlich wirken die Glasfasern nukleierend und führen zu einer relativen Erhöhung im Kristallinitätsgrad der Probe. Damit existiert kein linearer Zusammenhang zwischen der gemessenen Schmelzenthalpie und dem existierenden Glasfaser- oder

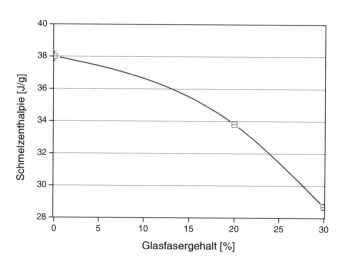

Bild 60: Abhängigkeit der Schmelzenthalpie (2. Aufheizung) vom Füllstoffgehalt (Werkstoff: Ultradur; Probenform: Granulat; DSC: 2. Aufheizung: 30–280 °C; Heizrate: 20 K/min; Spülgas: N$_2$; Einwaage: 3,5 ± 0,1 mg)

allgemein Füllstoffgehalt einer Probe. Dennoch ist es möglich, auf diesem Weg den Füllstoffgehalt einer unbekannten Probe mittels DSC-Messung festzustellen, wenn für das Verbundsystem, bestehend aus polymerer Matrix und Füllstoff, zuvor eine Kalibrierkurve erstellt wurde.

Allgemein gilt: Wird für eine DSC-Probe bekannter polymerer Matrix in der 2. Aufheizung eine unerwartet geringe Schmelzenthalpie festgestellt, dann ist dies in jedem Fall ein Hinweis auf das Vorhandensein eines inerten Füllstoffs im untersuchten Kunststoff, auch wenn keine entsprechende Kalibrierkurve vorliegt. Der tatsächliche Füllstoffgehalt kann dann allerdings allenfalls grob abgeschätzt werden und ist gegebenenfalls durch andere Untersuchungsverfahren, z. B. durch Bestimmung des Glührückstandes oder mittels Thermogravimetrischer Analyse, zu verifizieren.

3.1.9   Detektion der Molmasse

Die Molmasse eines Polymers bestimmt dessen Gebrauchseigenschaften und Fließfähigkeit in der Schmelze. Veränderungen in der Molmasse eines Polymers können chargenbedingt und durch einen Polymerabbau infolge verarbeitungstechnischer Schädigung, durch unzulässige Umgebungsbedingungen oder Alterung auftreten und werden in der Regel über Änderungen des Fließverhaltens des Polymers in der Schmelze oder im Falle leicht löslicher Kunststoffe durch die Untersuchung der relativen Viskosität des Polymers in Lösung bestimmt.

Viele technisch wichtige Kunststoffe sind einfach löslich, und deshalb findet die Lösungsviskositätsuntersuchung mit Hilfe des Ubbelohde-Viskosimeters in der kunststofftechnischen Praxis entsprechend vielfältigen Einsatz.

Die Bestimmung der molmassenabhängigen Viskositätszahl (VZ) beruht auf dem Vergleich der Viskositäten (Durchflusszeiten) des Lösungsmittels und der Polymerlösung. Die VZ verringert sich mit abnehmender Molmasse oder zunehmender Polymerschädigung infolge molekularen Abbaus. Nachteil dieses durchaus sensitiven Prüfverfahrens ist, dass toxische Lösungsmittel, die geschultes Personal und eine anschließende teuere Entsorgung benötigen, zum Lösen des Polymers eingesetzt werden. Des Weiteren ist die Durchführung einer lösungsviskosimetrischen Untersuchung meist sehr zeitintensiv. Je nach Polymer sind bis zu 2 Tage zum vollständigen Lösen des Polymers notwendig.

Eine Alternative zur Ermittlung und Beschreibung einer Polymerdegradation mittels VZ-Messung bietet die DSC-Analyse. Unter der Annahme, dass verkürzte Molekülketten mobiler, fließfähiger und damit beweglicher sind, kristallisieren abgebaute, d. h. verkürzte Polymerketten bereits bei höheren Temperaturen. Die Bilder 61 bis 64 zeigen am Beispiel eines verstärkten und unverstärkten Polybutylenterephthalats PBT klar den Einfluss des molekularen Polymerabbaus auf das jeweilige Kristallisationsverhalten.

Durch Wahl unterschiedlicher und erhöhter Massetemperaturen und mit verlängerten Verweilzeiten der Polymerschmelze im Plastifizieraggregat während der Spritzgießverarbeitung konnten Proben aus PBT mit gezielter thermischer Schädigung und demzufolge einer reduzierten Molmasse hergestellt und untersucht werden.

Mit abnehmenden Viskositätszahlen und damit zunehmender Polymerschädigung verschieben sich die DSC-Kristallisationskurven der Proben zu höheren Temperaturen, d. h. bei den degradierten Polymerproben setzt die Erstarrung vergleichsweise bereits bei höherer Temperatur ein und endet auch noch wesentlich früher, will heißen, bei höherer Temperatur. Der Kristallisationspeak ist im Falle der abgebauten Polymerproben entsprechend schmal und intensiv ausgeprägt.

Die Bilder 62 und 64 zeigen für die genannten Beispiele die ermittelte Kristallisationstemperatur in Abhängigkeit der molmassenabhängigen Viskositätszahl. Es besteht bei beiden untersuchten Werkstoffen (PBT unverstärkt und verstärkt) ein linearer Zusammenhang zwischen der Kristallisationstemperatur und der zugehörigen Viskositätszahl. Insofern kann ein molekularer Polymerabbau mit Hilfe der DSC quantitativ erfasst und bewertet werden.

Die Beobachtung, dass sich im Kristallitschmelzbereich die Peakhöhe verringert und der Peak dabei mit zunehmender Molmasse breiter wird, bestätigt sich auch für

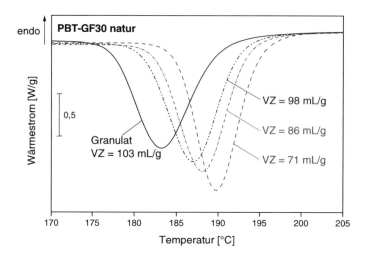

Bild 61: Kristallisationsverhalten von PBT-Proben mit unterschiedlicher Viskositätszahl VZ (Molmasse) (Werkstoff: Ultradur B4300 G6 natur; Probenform: Schulterstab 4 × 1 mm^2; DSC: 1. Abkühlung: 280–30 °C; Kühlrate: 20 K/min; Spülgas: N$_2$; Einwaage: 3,5 ± 0,1 mg)

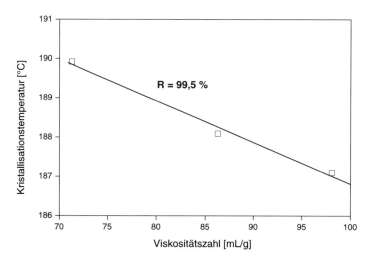

Bild 62: Kristallisationstemperatur in Abhängigkeit der Viskositätszahl (Werkstoff: Ultradur B4300 G6 natur; Probenform: Schulterstab 4 × 1 mm^2; DSC: 1. Abkühlung: 280–30 °C; Kühlrate: 20 K/min; Spülgas: N$_2$; Einwaage: 3,5 ± 0,1 mg)

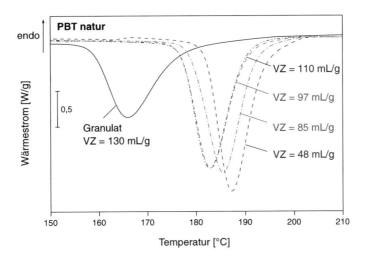

Bild 63: Kristallisationsverhalten von PBT-Proben mit unterschiedlicher Viskositätszahl VZ (Molmasse) (Werkstoff: Ultradur B4520 natur; Probenform: Schulterstab 4×1 mm^2; DSC: 1. Abkühlung: 280–30 °C; Kühlrate: 20 K/min; Spülgas: N$_2$; Einwaage: $3,5 \pm 0,1$ mg)

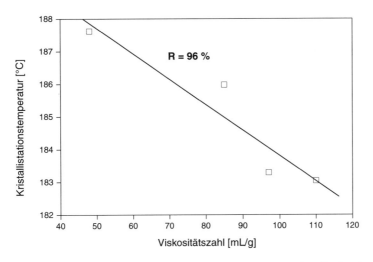

Bild 64: Kristallisationstemperatur in Abhängigkeit der Viskositätszahl (Werkstoff: Ultradur B4520 natur; Probenform: Schulterstab 4×1 mm^2; DSC: 1. Abkühlung: 280–30 °C; Kühlrate: 20 K/min; Spülgas: N$_2$; Einwaage: $3,5 \pm 0,1$ mg)

Tabelle 13: Ermittelte charakteristische Kennwerte für die in Bild 65 und 66 dargestellten Thermogramme (Auswertegrenzen: 1. Aufheizung: 90–180 °C 1. Abkühlung: 90–180 °C)

Molmasse [kg/mol]	1. Aufheizung						1. Abkühlung					
	101	320	462	833	1120	1600	101	320	462	833	1120	1600
normal. Enthalpie [J/g]	97	94	93	89	89	81	−107	−104	−102	−98	−95	−91
Onset [°C]	151,5	153,3	153,8	154,4	153,8	153,2	122,5	122,2	121,9	121,7	121,3	121,2
Peakhöhe [W/g]	2,9	2,6	2,5	2,4	2,2	1,9	7,0	6,5	6,5	6,4	5,9	5,2
Peakmaximum [°C]	162,5	165,2	165,3	165,3	165,0	164,7	119,2	118,9	18,5	118,5	118,0	117,6
Endset [°C]	166,8	170,3	170,2	170,7	171,1	172,5	114,6	113,9	113,9	113,9	113,2	112,5
Peakweite [°C]	8,8	9,5	9,2	9,5	10,1	10,6	4,7	5,0	4,6	4,5	4,7	5,1

Polypropylen PP; Bild 66. Bild 65 und 66 zeigen die Schmelz- und Erstarrungskurven eines Mikroformteiles (hier: Mikro-Schulterstab mit einer Querschnittsfläche von $1,25 \times 0,5\,\mathrm{mm}^2$), welches aus isotaktischem Polypropylen iPP mit unterschiedlichen Molmassen von 101 kg/mol bis zu 1600 kg/mol hergestellt wurde.

Die Kristallisationskurven belegen, wie bereits beim Werkstoff PBT beobachtet, eine Verbreiterung des Peaks bei geringerer Ausprägung mit zunehmender Molmasse; Tabelle 13. Zudem verschiebt sich die Kristallisationstemperatur zu geringerer Temperatur mit wachsender Molmasse; Tabelle 13. Die Ursache dafür ist die geringere Fließfähigkeit oder höhere Schmelzviskosität der längeren Polymerketten, was diese in ihrer Beweglichkeit und damit Kristallisationsfähigkeit hindert.

Im Vergleich mit den niedermolekularen Proben besitzen die höhermolekularen Proben eine geringere Schmelzenthalpie (= Kristallinität). Darauf weisen die Schmelzkurven hin, und die zugehörigen DSC-Daten in Tabelle 13 bestätigen es.

Im Falle der vorliegend untersuchten Proben finden sich mehrheitlich Schmelzkurven, die das typische Schmelzverhalten der α-Modifikation des PP mit einer Kristallitschmelztemperatur von 165 °C zeigen. Einzige Ausnahme bildet die Probe mit der geringsten Molmasse, diese weist bereits ihr Peakmaximum bei 162 °C auf. Dabei sind, wie bereits erwähnt, die Verbreiterung des Schmelzepeaks und die Abnahme in seiner Höhe mit zunehmender Molmasse klar erkennbar.

An dieser Stelle ist zu bemerken, dass sich aus dem Verlauf der DSC-Schmelzkurve die Größe und Verteilung der in einer untersuchten Probe enthaltenen, morphologischen Strukturen abschätzen lassen, wozu allerdings einige mathematische Operationen notwendig sind.

Wie bereits angesprochen und in Bild 67 nochmals schematisch skizziert, beschreibt die Schmelzkurve das Aufschmelzen der in einer Probe enthaltenen Kristalllamellen, wobei verständlicherweise die dünneren zuerst und mit steigender Temperatur dann die dickeren Kristalllamellen schmelzen.

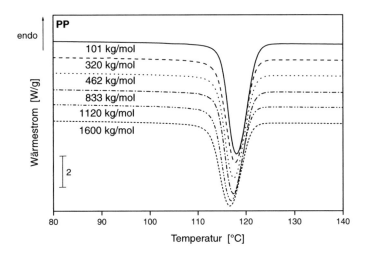

Bild 65: Kristallisationsverhalten von PP mit unterschiedlicher Molmasse (Werkstoff: isotaktisches PP natur; Probenform: Schulterstab 1,25 × 0,5 mm²; DSC: 1. Abkühlung: 230–30 °C; Kühlrate: 20 K/min; Spülgas: N_2; Einwaage: 5,6 ± 0,1 mg)

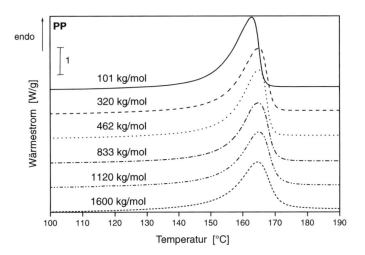

Bild 66: Schmelzverhalten von PP mit unterschiedlicher Molmasse (Werkstoff: isotaktisches PP natur; Probenform: Schulterstab 1,25 × 0,5 mm²; DSC: 1. Aufheizung: 30–230 °C; Heizrate: 20 K/min; Spülgas: N_2; Einwaage: 5,6 ± 0,1 mg)

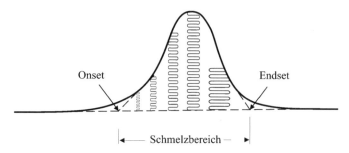

Bild 67: Schematische Darstellung der Schmelzbereiche von Kristalllamellen in Abhängigkeit ihrer Dicke

Auf Basis einer Gleichung nach Thomson und Gibbs kann die Lamellendickenverteilung folgendermaßen mathematisch beschrieben werden:

$$L = \frac{2\,\varphi_e\,T_m^0}{\Delta H_f\left(T_m^0 - T_m\right)} \tag{4}$$

Hierin bezeichnen L die Lamellendicke, T_m die Schmelztemperatur, T_m^0 die Gleichgewichtsschmelztemperatur der α-Phase von iPP (= 464 K), ΔH_f die Schmelzenthalpie eines perfekten Kristalls (= 196 J/cm³) und φ_e die freie Oberflächenenergie (= 102,9 J/cm²).

Damit lässt sich die Lamellendickenverteilung mit der folgenden Gleichung beschreiben:

$$f(L) = \frac{1}{M}\frac{\mathrm{d}M}{\mathrm{d}L} \tag{5}$$

In obiger Gleichung ist $\mathrm{d}M$ die kristalline Masse der untersuchten Probe im Temperaturbereich zwischen T und $T + \mathrm{d}T$.

Daraus folgt:

$$\mathrm{d}M \;=\; \frac{\mathrm{d}E}{\mathrm{d}T}\frac{\mathrm{d}T}{\Delta H_f}\,\rho_c \tag{6}$$

$$\frac{\mathrm{d}M}{M} \;=\; \frac{\mathrm{d}E}{\mathrm{d}T}\frac{\mathrm{d}T}{\Delta H_f M}\,\rho_c \tag{7}$$

und

$$\mathrm{d}T = \mathrm{d}L\,\frac{\left(T_m^0 - T_m\right)^2}{T_m^0}\frac{\Delta H_f}{2\,\varphi_e} \tag{8}$$

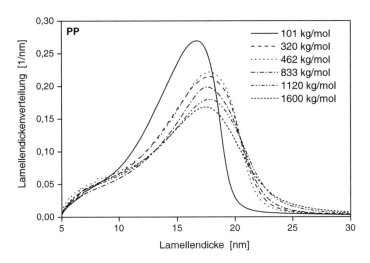

Bild 68: Errechnete Kristalllamellendickenverteilung von Mikroschulterstäben aus PP mit unterschiedlichen Molmassen

Werden die Gleichungen (4), (7) und (8) kombiniert, ergibt sich die Gleichung (9).

$$\frac{1}{M}\frac{\mathrm{d}M}{\mathrm{d}L} = \frac{\dfrac{\mathrm{d}E}{\mathrm{d}T}\left(T_m^0 - T_m\right)^2 \rho_c}{2\,\varphi_e\,T_m^0\,M} \tag{9}$$

mit

$$\frac{\mathrm{d}E}{\mathrm{d}T}\frac{1}{M} = \frac{\dot{Q}}{\dot{H}} \tag{10}$$

Darin sind ρ_c die Dichte der kristallinen Phase (= 0,936 g/cm³), dE die erforderliche Energie, um die kristalline Masse dM im Temperaturbereich zwischen T und $T + \mathrm{d}T$ zu schmelzen, $\dot{H}$ die Heizrate und $\dot{Q}$ der gemessene Wärmestrom.

In Bild 68 sind die berechneten Lamellendickenverteilungen für die untersuchten PP-Proben mit unterschiedlichen Molmassen dargestellt. Im Vergleich zu den höhermolekularen PP-Proben weist insbesondere die PP-Probe mit der geringsten Molmasse eine enge Verteilung mit dünnen Lamellen auf. Im Gegensatz hierzu wird die Lamellendickenverteilung der anderen Proben mit steigender Molmasse breiter. Demzufolge vergrößert sich die Lamellendicke, je höher die Molmasse wächst. Dies bestätigen auch die am Dünnschnitt aufgenommenen transmissionenelektronenmikroskopischen Bilder (TEM-Aufnahmen). Bild 69 zeigt die TEM-Aufnahmen in zwei Vergrößerungen für die Proben mit 101 kg/mol und 1600 kg/mol Molmasse im Vergleich. Nach dem Kontrastieren der Dünnschnitte mit Rutheniumoxid erscheinen die kristallinen Bereiche

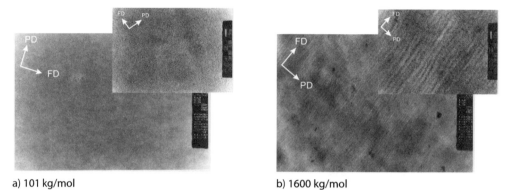

a) 101 kg/mol   b) 1600 kg/mol

Bild 69: TEM Aufnahmen der Nanostruktur von Mikroschulterstäben aus PP mit einer Molmasse von 101 kg/mol und 1600 kg/mol (Vergrößerung 20 000× (große Aufnahme) und 100 000× (kleine Aufnahme), FD = Fließrichtung, PD = quer zur Fließrichtung)

hell und die amorphen Bereiche dunkel. In der Vergrößerung (Bild 69b) sind die dicken Lamellen deutlich erkennbar, während das Bild 69a auf sehr dünne Lamellen hinweist.

Die Verbreiterung der Lamellenverteilung lässt sich auch hier auf die geringe Schmelze-fließfähigkeit und die damit verbundene geringere Kristallisationsfähigkeit der hoch-molekularen Proben zurückführen. Ohne umfangreiche mathematische Operationen lässt sich ein absolutes Maß für die Kristalllamellenverteilung aus dem quantitativen Verhältnis von Peakhöhe zu Peakweite berechnen.

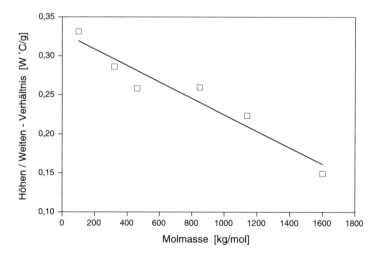

Bild 70: Verhältnis von Peakhöhe zu Peakweite (HWR) des Schmelzpeaks (1. Aufheizung) von Mikroschul-terstäben aus PP mit unterschiedlichen Molmassen

In Bild 70 ist Verhältnis von Peakhöhe zu Peakweite, mit HWR bezeichnet, in Abhängigkeit der Molmasse dargestellt. Je höher HWR wird, umso schmäler ist die Kristalllamellenverteilung, und – im Allgemeinen – umso homogener ist die Kristallinität.

Das diskutierte Beispiel zeigt deutlich, dass mit Hilfe der DSC und speziellen Auswertetechniken auch die mikroskopische Struktur detektiert und anschaulich dargestellt werden kann und somit auch Aussagen über die Homogenität und Qualität von Gefügestrukturen getroffen werden können.

3.2 Fertigungskontrolle

3.2.1 Einfluss der Verarbeitung

Während der spritzgießtechnischen Verarbeitung einer Formmasse zum Formteil wird das Polymer mehr oder weniger thermomechanisch belastet und möglicherweise geschädigt. Selbst bei scheinbar ordnungsgemäßer Vorbehandlung der Formmasse und schonender Verarbeitung kann das Polymer bereits mechanisch oder thermisch nachteilig beeinflusst worden sein. Eine molekulare Schädigung eines Polymers kann eine Verkürzung seiner Polymerketten oder aber einen Aufbau durch Vernetzung oder Verzweigung der Polymerketten bewirken. Beide Schädigungsmechanismen führen bei der DSC-Untersuchung entsprechender Proben zu einem veränderten Schmelz- und Kristallisationsverhalten gegenüber einer Ausgangsprobe. In Bild 71 ist an einem Beispiel dargestellt, wie sich der Verarbeitungsprozess einer Formmasse zum Formteil auf die kalorischen Eigenschaften auswirken kann. Zum Vergleich sind jeweils die 2. Aufheizung und 1. Abkühlung des Granulats und des daraus gefertigten Formteils dargestellt. Es ist ersichtlich, dass das Formteil im Gegensatz zum Granulat bei höheren Temperaturen kristallisiert. Zudem lässt sich aus dem Vergleich der Peakweiten der Signale (Tabelle 14) sehr schön erkennen, dass der verarbeitete Polymerwerkstoff (Peakweite = 5,6 °C) in einem engeren Temperaturbereich erstarrt als die zugehörige Formmasse (Peakweite = 6,0 °C). Diese Ergebnisse belegen klar einen durch thermomechanische Belastung stattgefundenen molekularen Abbau des Polymers während der Verarbeitung. Dieser Sachverhalt lässt sich auch durch zugehörige Lösungsviskositätsuntersuchungen verifizieren und bestätigen. Die VZ reduziert sich um 5 % von 103 mL/g beim Granulat auf 98 mL/g bei dem Formteil.

Eine thermomechanisch induzierte Veränderung von polymeren Werkstoffen durch deren unsachgemäße Verarbeitung kann leicht eintreten und geht dann mit entsprechenden Qualitätseinbußen für das hergestellte Produkt einher. Mittels DSC-Prüfung lassen sich solche Veränderungen relativ einfach detektieren.

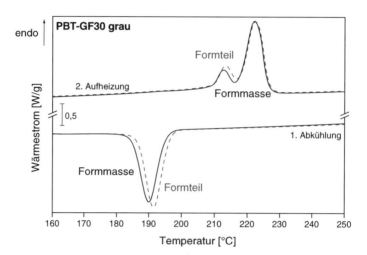

Bild 71: Einfluss der Verarbeitung auf das Schmelz- und Kristallisationsverhalten von PBT-GF 30 grau
(Werkstoff: Ultradur B4300 G6 grau; Probenform: Formteil; DSC: 1. Abkühlung, 2. Aufheizung:
280– 30–280 °C; Kühl-/Heizrate: 20 K/min; Spülgas: N$_2$; Einwaage: 3,5 ± 0,1 mg)

Tabelle 14: Charakteristische Kennwerte des in Bild 71 dargestellten Thermogramms (Auswertegrenzen:
2. Aufheizung: 180–250 °C, 1. Abkühlung: 140–210 °C)

	2. Aufheizung				1. Abkühlung	
	Formteil		Formmasse		Formteil	Formmasse
	Peak$_{ges}$	Peak I	Peak$_{ges}$	Peak I		
normalisierte Enthalpie [J/g]	30	9	29	8	−36	−35
Onset [°C]	217,1	208,8	216,8	208,2	196,9	195,51
Peakhöhe [W/g]	1,2	0,4	1,2	0,4	1,8	1,7
Peakmaximum [°C]	221,9	213,0	221,5	212,4	191,8	190,4
Endset [°C]	226,5	218,2	226,2	217,2	186,9	185,2
Peakweite [°C]	11,2	5,6	10,7	5,1	5,6	6,0

3.2.2   Einfluss der Einspritzgeschwindigkeit

Beim Spritzgießen von Kunststoffen entscheiden sich in der Einspritzphase einige
wichtige Qualitätsmerkmale des hergestellten Spritzgießformteils. So werden beispielsweise durch langsames Einspritzen eine Freistrahlbildung, matte Stellen am An-
guss und Kernverschiebungen unterbunden. Ebenso kann ein Einspritzen mit zu hoher
Einspritzgeschwindigkeit zur thermischen Schädigung des verarbeiteten Kunststoffs

Tabelle 15: Gebrauchseigenschaften der nach unterschiedlichen Prozessbedingungen hergestellten POM-Proben (Werkstoff: Hostaform C27021 natur (MFR: 27 g/10 min), Zugprobe Typ 5A (Probenquerschnitt 4 × 1 mm^2))

Fertigungsparameter	Eigenschaft				
Einspritz-geschwindigkeit [cm^3/s]	E-Modul [MPa]	Bruch-dehnung [%]	Schlagzug-zähigkeit [kJ/m^2]	Gewicht [g]	Schwindung [%]
2	2603 ± 25	56 ± 13	710 ± 60	0,94	2,0
10	2625 ± 31	70 ± 16	760 ± 80	0,95	1,9
20	2649 ± 23	75 ± 17	770 ± 80	0,95	1,8
30	2673 ± 43	61 ± 12	500 ± 150	0,97	1,6
40	2690 ± 49	54 ± 13	350 ± 70	0,98	1,5

führen, bedingt durch eine starke dissipative Wärmeentwicklung infolge der hohen Schmelzescherung. Dessen ungeachtet ist insbesondere bei kleinen Formteilen zu bedenken, dass die Einspritzzeit bestimmend für die Zykluszeit ist.

Im Allgemeinen hat sich daher bei Standardfällen ein Einspritzprofil mit den Stufen langsam–schnell–langsam für die Verarbeitung von Kunststoffen im Spritzguss bewährt. Dadurch wird zudem am Ende der Einspritzphase eine stabile Umschaltung auf die erforderliche Nachdruckregelung gewährleistet. Aus den dargelegten Gründen ist ein definiertes und präzises Einspritzen mit kontrollierter Einspritzgeschwindigkeit beim Spritzgießen von Kunststoffformteilen erforderlich.

Im Folgenden wird, am Beispiel der Verarbeitung eines leichtfließenden, copolymeren Polyacetals (POM) mit einer Schmelzfließrate (MFR) von 27 g/10 min, der mögliche Einfluss der Einspritzgeschwindigkeit beim Spritzgießen auf die Eigenschaften von hergestellten Formteilen untersucht und diskutiert. In Abhängigkeit der gewählten Einspritzgeschwindigkeiten (hier als Volumenstrom dargestellt) ergeben sich deutlich unterschiedliche innere und äußere Eigenschaften eines hergestellten polymeren Formteils; Tabelle 15. Es findet sich bei praktisch einheitlicher Festigkeit der gefertigten Formteile eine dramatisch unterschiedliche Verformungsfähigkeit der Werkstoffgefüge der verschiedenen Proben. Dies wird an der jeweils erreichbaren unterschiedlichen Bruchdehnung und insbesondere der unterschiedlichen Schlagzugzähigkeit deutlich.

Diese drastischen Unterschiede im mechanischen Verhalten der unterschiedlich hergestellten Proben zeigen sich in den parallel durchgeführten DSC-Untersuchungen auf den ersten Blick nicht so augenscheinlich. Die an den Proben gewonnenen Untersu-

Tabelle 16: DSC-Messergebnisse von unterschiedlich hergestellten POM-Proben (Werkstoff: Hostaform C27021 natur (MFR: 27 g/10 min); DSC: 1. Aufheizung: 30–290 °C; Heizrate: 20 K/min; Spülgas: N_2; Einwaage: 5,0 ± 0,1 mg, Mittelwert aus 2 Messungen)

Einspritzgeschwindigkeit [cm³/s]	2	10	20	30	40
ΔH_{m1} [J/g]	145 ± 2	150 ± 2	149 ± 2	148 ± 1	147 ± 1
ΔH_{k1} [J/g]	−170 ± 4	−172 ± 2	−173 ± 3	−174 ± 0,1	−172 ± 5
ΔH_{k1} [J/g][1]	−74 ± 9	−83 ± 11	−89 ± 4	−94 ± 3	−97 ± 5
ΔH_{m2} [J/g]	165 ± 4	167 ± 1	166 ± 2	167 ± 0,1	164 ± 5
Peakhöhe/-weite [−]	2,68	2,77	1,82	1,77	1,60

ΔH_{m1}, ΔH_{m2} = Schmelzenthalpie der 1. bzw. 2. Aufheizung; ΔH_{k1} = Kristallisationsenthalpie der 1. Abkühlung

[1] Auswertung der Kristallisationswärme im Temperaturbereich 60 °C–141 °C

chungsergebnisse weisen in den Schmelzkurven der 1. Aufheizung zunächst nur auf geringfügige Unterschiede in den Morphologien hin; Bild 72.

Die Schmelzenthalpien der Proben in der 1. Aufheizung sind in etwa gleich, Tabelle 16, d. h. die untersuchten Proben besitzen damit integral betrachtet eine weitgehend gleiche Kristallinität. Dieses Ergebnis lässt sich auch beim Abkühlen (Kristallisationswärme) und beim 2. Aufheizen (Schmelzwärme nach vorausgegangener einheitlicher Vorgeschichte) beobachten.

Beim Kristallisationsprozess in der DSC fällt allerdings auf, dass der zu tieferer Temperatur liegende Anteil der Kristallisationswärme mit wachsender Einspritzgeschwindigkeit während der Polymerverarbeitung (−74 J/g nach −97 J/g) zunimmt, Tabelle 16. Hieraus ist auf eine verarbeitungsbedingte Veränderung des eingesetzten POM-Werkstoffs zu schließen.

Durch eine Veränderung der Molmasse und Molmassenverteilung des Werkstoffs infolge unterschiedlicher Schmelzeverarbeitung ergibt sich ein unterschiedliches Erstarrungsverhalten (bei etwa einheitlicher Gesamtkristallinität) und in der Folge eine unterschiedliche Gefügeausbildung (Morphologie), ersichtlich an den fallenden Werten für das Verhältnis von Peakhöhe zu Peakweite beim Schmelzpeak, welche sich von 2,7 nach 1,6 verändern; Tabelle 16.

Die ausschließliche Beobachtung der Gesamtkristallinität der verschiedenen Proben, gemessen mit DSC in der 1. Aufheizung, hätte im vorliegenden Fall zu einer Fehleinschätzung ihrer Qualität geführt, da hier keine Unterschiede erkennbar sind. Erst

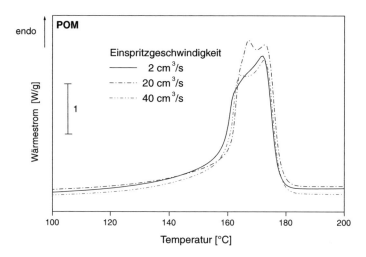

Bild 72: DSC-Kurven der unterschiedlich hergestellten Prüfkörper aus POM (Werkstoff: Hostaform C27021 natur (MFR: 27 g/10 min), DSC: 1. Aufheizung: 30–290 °C; Heizrate: 20 K/min; Spülgas: N₂; Einwaage: 5,0 ± 0,1 mg, Mittelwert aus 2 Messungen)

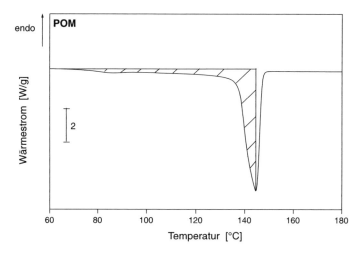

Bild 73: Schematische Darstellung der Teilintegration in den Temperaturgrenzen 60–141 °C (Werkstoff: Hostaform C27021 natur (MFR: 27g/10min), DSC: 1. Abkühlung: 290–30 °C; Kühlrate: 20 K/min; Spülgas: N₂; Einwaage: 5,0 ± 0,1 mg)

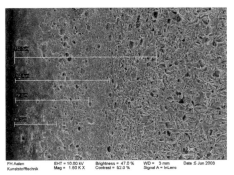
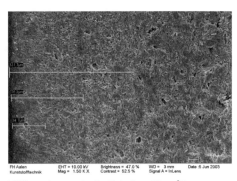

a) Einspritzgeschwindigkeit = 2 cm³/s   b) Einspritzgeschwindigkeit = 40 cm³/s

Bild 74: Morphologisches Gefüge der Randschicht von Formteilen aus POM die mit einer Einspritzgeschwindigkeit von 2 cm³/s und 40 cm/³ s spritzgießtechnisch hergestellt wurden (Werkstoff:
Hostaform C27021 natur (MFR: 27 g/10 min); REM: HCl-geätzt und Au/Pd-bedampfte Proben)

a) Einspritzgeschwindigkeit = 2 cm³/s   b) Einspritzgeschwindigkeit = 40 cm³/s

Bild 75: Morphologisches Gefüge der Randschicht von Formteilen aus POM die mit einer Einspritzgeschwindigkeit von 2 cm³/s und 40 cm³/s spritzgießtechnisch hergestellt wurden (Werkstoff:
Hostaform C27021 natur (MFR: 27 g/10 min); Lichtmikroskopie: Polarisation; Dünnschnitt =
10 μm)

eine indirekte Verifizierung des Gefüges, wie bereits diskutiert, markiert vorhandene
Unterschiede.

Lichtmikroskopische Untersuchungen an Dünnschnitten (Schnittdicke ca. 10 μm) im
polarisierten Durchlicht und rasterelektronenmikroskopische Aufnahmen an geätzten
Oberflächen der verschiedenen Proben belegen die stark unterschiedlichen Gefügeaus-
bildungen bei den hergestellten Formteilen, abhängig von den unterschiedlichen Einspritzgeschwindigkeiten. Die beobachtbare, nicht sphärolithische Randschicht nimmt

in ihrer Dicke mit zunehmender Einspritzgeschwindigkeit stark ab; dabei verändert sich auch die übrige Gefügestruktur; Bild 74. Der dramatische Zähigkeitsverlust der bei hoher Einspritzgeschwindigkeit hergestellten Formteile (Tabelle 15) ist also eindeutig auf eine hier vorliegende, werkstofftechnisch ungünstige Morphologieausbildung zurückzuführen. Das in Bild 74b gezeigte Gefüge geht mit einem extrem spröden Verformungsverhalten der untersuchten Formteile einher, die Schlagzähigkeit im Schlagzugversuch ist hier etwa 100 % geringer als die einer Probe mit einem Gefüge entsprechend Bild 74a.

3.2.3   Einfluss der Fließweglänge

Beim Einspritzen einer Polymerschmelze in die Formteilkavität eines temperierten Werkzeuges entstehen Druckverluste entlang der Fließweglänge der Schmelze. Damit ist bei gegebenem Fließquerschnitt (Wanddicke des herzustellenden Formteils), definierten Prozessparametern und Schmelzeviskosität zunächst nur eine bestimmte, maximale Fließweglänge erreichbar. Inhomogene Druckverläufe über die Fließweglänge verursachen Gradienten im Schwindungsverhalten des Werkstoffs und begünstigen damit einen möglichen Formteilverzug. Diese Zusammenhänge sind bekannt, eine mögliche Auswirkung auf das Werkstoffgefüge des gefertigten Teils bleibt allerdings meist unberücksichtigt. Mit der Fließweglänge verändern sich auch das Geschwindigkeits- und Temperaturprofil. Infolge dieser variierenden Prozessgrößen bilden sich entlang der Fließweglänge inhomogene Gefügestrukturen aus, die sich gegebenenfalls mittels DSC-Prüfung detektieren lassen.

Die vorliegenden Untersuchungen zur prozessabhängigen Ausbildung der Teilemorphologie erfolgten an einer Mikrofließspirale mit einem Fließquerschnitt von 1,25 × 0,5 mm^2; Bild 76.

Bild 77 zeigt die DSC-Kurven der nach unterschiedlichen Prozessbedingungen hergestellten Proben und die zugehörigen Aufnahmen ihrer Morphologie. Diese weist angussnah und angussfern deutliche Unterschiede auf, auch für verschiedene Einspritzgeschwindigkeiten. Die gemessenen Schmelzenthalpien und zugehörigen Kristallitschmelztemperaturen (Temperatur bei Peakmaximum) sind in Tabelle 17 angegeben.

Bild 76: Mikrofließspirale (Breite = 1,25 mm, Länge = 280 mm, Wanddicke = 0,5 oder 0,2 mm)

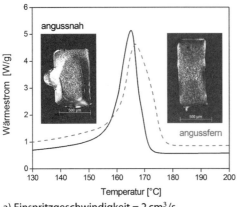

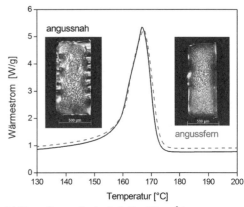

a) Einspritzgeschwindigkeit = 2 cm³/s   b) Einspritzgeschwindigkeit = 35 cm³/s

Bild 77: Schmelzkurven und zugehörige Morphologien von Formteilen aus POM die mit einer Einspritz-geschwindigkeit von 2 cm³/s und 35 cm/³ s spritzgießtechnisch hergestellt wurden – Vergleich von angussnah und angussfern (Werkstoff: Hostaform C27021 natur (MFR: 27 g/10 min); DSC: 1. Aufheizung: 30–290 °C; Heizrate: 20 K/min; Spülgas: N₂; Einwaage: 5,0 ± 0,1 mg; Lichtmikro-skopie: Polarisation; Dünnschnitt = 10 µm)

Tabelle 17: Schmelztemperaturen und Schmelzenthalpien in Abhängigkeit des Fließwegs für unter-schiedliche Prozessbedingungen (Werkstoff: Hostaform C27021 natur (MFR: 27 g/10 min); DSC: 1. Aufheizung: 30–290 °C; Heizrate: 20 K/min; Spülgas: N₂; Einwaage: 5,0 ± 0,1 mg)

| | DSC-Eigenschaften | | | |
| | Schmelztemperatur [°C] | | Schmelzenthalpie [J/g] | |
Fließweg [mm]	$v_{ein} = 2 \text{ cm}^3/\text{s}$	$v_{ein} = 35 \text{ cm}^3/\text{s}$	$v_{ein} = 2 \text{ cm}^3/\text{s}$	$v_{ein} = 35 \text{ cm}^3/\text{s}$
angussnah	165,5	165,3	177	154
angussfern	167,3	166,0	149	156

Im Falle der mit geringer Einspritzgeschwindigkeit hergestellten Proben können an-gussnah massive Eigenspannungen festgestellt werden, welche den Mikrotomschnitt in seiner flächigen Ausdehnung verzerren; Bild 78. Die angussnahe Morphologie zeigt weiter eine ausgeprägte, nichtsphärolithische Randzone im Gegensatz zur angussfer-nen Probe. Im Falle der nichtsphärolithischen Randzone handelt es sich offensichtlich um keine amorphe Randschicht, da die Schmelzenthalpie mit 177 J/g angussnah zu 149 J/g angussfern signifikant höher liegt. Damit ist anzunehmen, dass die Probe in ihrem Gefüge hochkristallin ist, aber offensichtlich keine sphärolithische Überstruk-tur besitzt. Die mit hoher Einspritzgeschwindigkeit hergestellte Probe weist sowohl angussnah als auch am Fließwegende etwa identische Schmelzenthalpien auf, die je-doch vergleichsweise geringer sind als im erst diskutierten Fall.

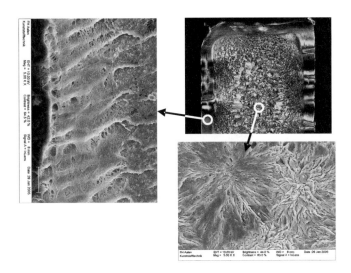

Bild 78: Gefüge im angussnahen Bereich der Probe; REM-Aufnahmen aus der Randschicht und der Kernzone (Werkstoff: Hostaform C27021 natur (MFR: 27 g/10 min); REM: HCl geätzt und Au/Pd bedampfte Proben, Lichtmikroskopie: Polarisation, Dünnschnitt = 10 µm)

Die Verifizierung einer auch randschichtnahen Kristallinität im angussnahen Bereich der mit geringer Einspritzgeschwindigkeit hergestellten Probe, Bild 78, erlaubt die rasterelektronenmikroskopische Untersuchung der geätzten Probe.

Zunächst ist, wie erwartet, ein sphärolithisches Gefüge im Kern erkennbar, wobei erstaunlicherweise offensichtlich zwei unterschiedliche Typen von Sphärolithen existieren. Dies ist insofern interessant, als diese Beobachtung möglicherweise Hinweise auf die Ursache eines in der Praxis öfters vorkommenden, spröden Werkstoffverhaltens des untersuchten, copolymeren Polyacetals POM gibt.

Im randschichtnahen Bereich der Probe findet sich im REM eine offensichtlich orientierte morphologische Struktur, welche mit einer scherinduzierten, hochorientierten und kristallinen Shish-Kebab-Struktur in Zusammenhang gebracht werden kann; Bild 79. Diese so genannte Shish-Kebab-Morphologie ist aufgrund ihrer besonderen Mikrostruktur sowohl in Fließrichtung als auch quer dazu hochfest und -steif.

Das nachfolgende Bild 80 zeigt für die untersuchten Mikrozugstäbe die gemessene Streckspannung in Abhängigkeit der Probendicke. Mit abnehmender Wandstärke des Formteils und damit verbunden wachsender Scherung der Schmelze beim Formfüllvorgang entsteht eine zunehmend ausgeprägte, scherinduzierte Shish-Kebab-Morphologie, welche offensichtlich die Streckspannung des Werkstoffs um etwa 20 % von 64 MPa auf 77 MPa anwachsen lässt.

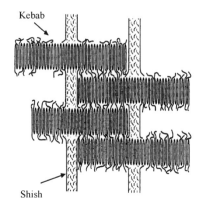

Bild 79: Schematische Darstellung einer Shish-Kebab-Morphologie

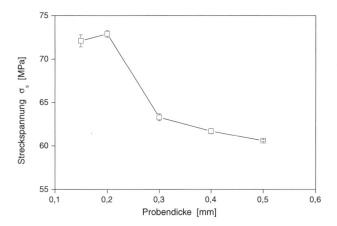

Bild 80: Festigkeit in Abhängigkeit der Probendicke, gemessen am Mikrozugstab (Werkstoff: Hostaform C27021 natur (MFR: 27 g/10 min), Zugprüfung; Vorkraft = 1 N; Prüfgeschwindigkeit = 5 mm/min; Mittelwert und Standardabweichung aus 5 Messungen)

Da mittels Spritzgusstechnik oft Formteile mit einer hoch komplexen Geometrie erzeugt werden, treten aufgrund unterschiedlicher Fließwege und Wanddicken örtlich stark unterschiedliche Schmelzescherungen auf. In Verbindung mit einer örtlich inhomogenen Druck- und Temperaturverteilung ist dies Ursache für lokal unterschiedlich ausgebildete Morphologien. Aus diesem Grund ist für vergleichende Messungen immer präzise darauf zu achten, dass die Proben aus vergleichbaren Entnahmestellen präpariert werden. Zudem sollten, wie bereits in Kapitel 2.4.2 detaillierter erläutert, die Proben aus den „kritischen" Stellen entnommen werden. Im Zweifelsfall bedarf es mehrerer Untersuchungsproben entlang der Fließweglänge.

3.2.4   Einfluss der Massetemperatur

Bei der Verarbeitung von teilkristallinen, technischen Kunststoffen ist die Wahl der richtigen Massetemperatur wichtig, sie entscheidet mithin über die ordnungsgemäße Verarbeitbarkeit der Formmasse und die erreichbare Formteilqualität. Sowohl eine zu hohe als auch eine zu niedrige Schmelzetemperatur kann im Einzelfall kritisch sein. Zu hohe Temperaturen verursachen insbesondere einen thermischen Abbau des so verarbeiteten Polymers. Die Konsequenzen sind reduzierte mechanische Festigkeiten im hergestellten Produkt und folglich auch veränderte kalorische Eigenschaften. Wie bereits in Kapitel 3.1.9 eingehend erläutert, kristallisieren verkürzte Polymerketten bei höherer Temperatur, was auch im vorliegenden Zusammenhang anhand von zwei Beispielen gezeigt werden kann; Bild 81 und 82. Mit zunehmender thermischer Belastung tritt eine Schädigung des Polymers auf. Eine Erhöhung der Massetemperatur bei der Spritzgießverarbeitung beeinflusst das Kristallisationsverhalten der hier untersuchten, unterschiedlich farbigen PBT-Proben (naturfarben und grau) systematisch; die Kristallisationstemperaturen verschieben sich mit steigender Verarbeitungstemperatur beim Spritzgießen zu höheren Temperaturen. Zudem nimmt mit steigender Massetemperatur die jeweilige Peakweite ab und die zugehörige Peakhöhe zu; Tabelle 18 und 19. Mit zunehmender thermischer Schädigung der PBT-Proben kristallisieren diese in einem wesentlich engeren Temperaturbereich, was ebenfalls auf einen fortschreitenden Kettenabbau hinweist.

Die Schmelzkurven der 1. Aufheizung der untersuchten Proben zeigen dabei nahezu identische Peaktemperaturen (Tabelle 18 und 19), doch nimmt die normalisierte Schmelzenthalpie, welche dem Kristallisationsgrad entspricht, mit höheren Massetemperaturen zu. Die bei höheren Massetemperaturen verarbeiteten PBT-Proben werden stärker geschädigt, und in der Folge kristallisieren diese bei höheren Temperaturen, wie Bild 81 und 82 anhand der Erstarrungskurven deutlich zeigen; das Polymer ist zunehmend „nukleiert" und hat vom höheren Temperaturniveau abgekühlt Zeit zum Kristallisieren.

Die durch die Verarbeitung bei erhöhter Massetemperatur bedingte, beschleunigte Kristallisationskinetik verkürzt die Kristallisationszeit, und in der Folge bilden sich verschiedene morphologische Überstrukturen aus, wie auch die lichtmikroskopischen Aufnahmen in Bild 83 anschaulich zeigen. Dies wirkt sich wiederum auf die mechanischen Eigenschaften der hergestellten Formteile aus, wie die Untersuchung von deren Schlagzugzähigkeit ergibt; Bild 83.

Wie bei den thermoplastischen Kunststoffen werden die Gebrauchseigenschaften bei den thermoplastischen Elastomeren auch stark von der Werkstoffmorphologie bestimmt und sind daher von den Prozessbedingungen abhängig. Im Vergleich zu

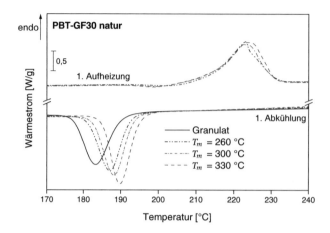

Bild 81: Einfluss der Massetemperatur (T_m) auf das Schmelz- und Kristallisationsverhalten von PBT-GF30 naturfarben (Werkstoff: Ultradur B4300 G6 natur; Probenform: Schulterstab 4 × 1 mm²; DSC: 1. Aufheizung, 1. Abkühlung: 30–280–30 °C; Kühl-/Heizrate: 20 K/min; Spülgas: N₂; Einwaage: 3,5 ± 0,1 mg)

Tabelle 18: Charakteristische kalorische Kennwerte der in Bild 81 untersuchten Proben (Auswertegrenzen: 1. Aufheizung: 180–250 °C; 1. Abkühlung: 140–210 °C)

	1. Aufheizung				1. Abkühlung		
Massetemperatur	260 °C	300 °C	330 °C	–	260 °C	300 °C	330 °C
normalisierte Enthalpie [J/g]	32	34	37	−35	−37	−38	−39
Onset [°C]	213,6	212,7	213,0	191,9	192,9	193,9	195,2
Peakhöhe [W/g]	1,1	1,0	1,0	1,5	1,5	1,6	1,8
Peakmaximum [°C]	222,5	222,2	223,2	185,4	187,1	188,1	189,8
Endset [°C]	228,8	229,8	230,9	180,2	180,9	182,5	184,9
Peakweite [°C]	8,7	10,0	10,5	6,7	6,7	6,7	6,0

– = Granulat

üblichen, teilkristallinen, technischen Spritzgießformmassen unterscheiden sich die thermoplastischen Elastomere insbesondere durch ihre spezielle Domänenstruktur, die aus Weichsegment- und Hartsegmentdomänen besteht. Während die Weichsegmentdomänen für deren elastische Eigenschaften verantwortlich sind, steuern die Hartsegmentdomänen die Härte und Steifigkeit dieser Werkstoffe. Die Hartsegmentdomänen, auch als Hartsegmentkristallite bezeichnet, sind die langkettige Anordnung des Hartsegmentanteils und sind abhängig von TPU-Systemen reversibel oder irreversibel in ihrer Natur.

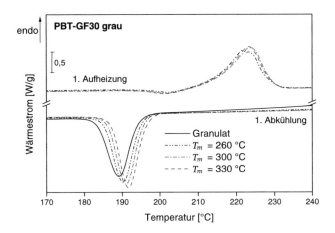

Bild 82: Einfluss der Massetemperatur auf das Schmelz- und Kristallisationsverhalten von PBT-GF30 grau (Werkstoff: Ultradur B4300 G6 grau; Probenform: Schulterstab 4 × 1 mm²; DSC: 1. Aufheizung, 1. Abkühlung: 30–280–30 °C; Kühl-/Heizrate: 20 K/min; Spülgas: N₂; Einwaage: 3,5 ± 0,1 mg)

Tabelle 19: Charakteristische kalorische Kennwerte der in Bild 82 untersuchten Proben (Auswertegrenzen: 1. Aufheizung: 180–250 °C; 1. Abkühlung: 140–210 °C)

Massetemperatur	1. Aufheizung				1. Abkühlung		
	260 °C	300 °C	330 °C	–	260 °C	300 °C	330 °C
normalisierte Enthalpie [J/g]	29	30	30	−33	−33	−33	−35
Onset [°C]	213,0	212,9	212,4	194,5	195,2	195,9	196,9
Peakhöhe [W/g]	1,0	1,1	1,1	1,5	1,7	1,7	1,8
Peakmaximum [°C]	221,2	222,9	222,5	189,1	190,2	191,2	191,8
Endset [°C]	228,6	229,4	229,1	183,6	185,2	186,2	187,2
Peakweite [°C]	9,5	9,0	9,0	6,3	6,0	5,6	5,3

– = Granulat

Die vorliegenden Untersuchungsergebnisse beziehen sich auf ein thermoplastisches Polyurethan (TPU) mit einer Härte von 94 Shore A, das beispielsweise für Hydraulikdichtungen eingesetzt wird und dessen Kristallitbildung irreversibel ist. Wird dieses TPU bei einer überhöhten Massetemperatur oder mit hoher Schmelzescherung verarbeitet, wie sie bei komplizierten Formteilgeometrien oder engen Anschnittquerschnitten auftreten kann, dann lösen sich die im Ausgangsmaterial noch bestehenden Kristallite irreversibel, mit nachteiligen Folgen für das so hergestellte Fertigteil auf.

Die DSC-Prüfung ermöglicht die Bestimmung der Restkristallinität im gefertigten Formteil durch Messung der jeweiligen Schmelzenthalpien. Ausgehend vom Granulat,

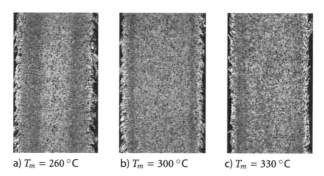

a) $T_m = 260\,°C$ b) $T_m = 300\,°C$ c) $T_m = 330\,°C$

Bild 83: Gefügestrukturen der mit unterschiedlichen Massetemperaturen gefertigten Formteile (Werkstoff: PBT-GF30 naturfarben, Ultradur B4300 G6 natur; Formteildicke = 2 mm)

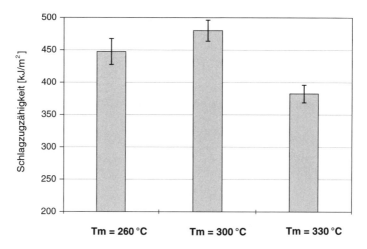

Bild 84: Einfluss der Massetemperatur (T_m) auf die Schlagzugzähigkeit von PBT-Formteilen (Werkstoff: PBT-GF30 naturfarben, Ultradur B4300 G6 natur)

nimmt die Restkristallinität der hergestellten Formteile mit steigender Massetemperatur ab; Bild 85. Grundsätzlich ist es bei der Verarbeitung von TPU nicht notwendig, die im Festkörper vorhandenen Kristallite bei der Schmelzeverarbeitung aufzulösen, damit es in der Schmelze verarbeitbar ist. Das TPU geht bereits dann in Schmelze über, wenn die so genannten Weichsegmentdomänen aufgelöst sind; bei Temperaturen von etwa 180 °C. Dies bedeutet, dass sich bei der Schmelzeverarbeitung noch Hartsegmentkristallite in der Schmelze befinden, solange die Temperatur sich unterhalb deren Schmelztemperatur befindet, siehe Kurve 2 ($T_m = 205\,°C$, $T_{wz} = 30\,°C$) in Bild 85. Wird das vorliegend untersuchte TPU bei höheren Massetemperaturen, beispielsweise 225 °C, was der Mitte des Schmelztemperaturbereichs des Kristallit-Typs I entspricht,

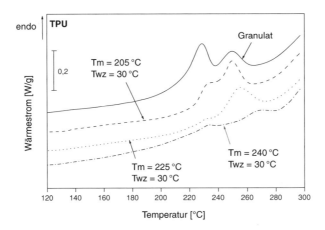

Bild 85: Einfluss der Düsentemperatur auf das Schmelzverhalten von TPU (Werkstoff: TPU, Härte 94 Shore A; DSC: 1. Aufheizung: 30–300 °C; Heizrate: 20 K/min; Spülgas: N$_2$; Einwaage: 3,6 ± 0,1 mg)

oder noch höher, bei 240 °C am Ende des Schmelzbereichs der Kristallite des Typs I verarbeitet, dann ergeben sich unterschiedliche Morphologien im hergestellten Formteil mit verschiedenen kalorischen Eigenschaften, wie die Kurven 2 (T_m = 225 °C) und 3 (T_m = 240 °C) in Bild 85 belegen. Die Hartsegmentkristallite werden bei diesen Massetemperaturen irreversibel aufgeschmolzen.

Der mit dynamischer Differenzkalorimetrie DSC beobachtete Einfluss der Verarbeitungstemperatur auf die verbleibende Restkristallinität im Formteil lässt sich durch entsprechende Untersuchungen der Morphologie der Teile bestätigen. Mit Hilfe der Kryo-Mikrotomie lassen sich aus den weichen TPU-Proben Dünnschnitte guter Qualität für mikroskopische Gefügeuntersuchungen präparieren; Bild 86. Die mikroskopischen Aufnahmen bestätigen die Ergebnisse der vorausgegangen diskutierten DSC-

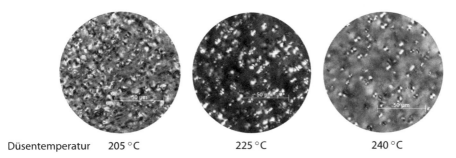

Düsentemperatur   205 °C   225 °C   240 °C

Bild 86: Morphologie von Formteilen aus TPU hergestellt mit unterschiedlichen Düsentemperaturen (Werkstoff: TPU, Härte 94 Shore A; Lichtmikroskopie: Polarisation, Dünnschnitt = 10 μm)

Messungen. Mit höherer Massetemperatur nimmt die Kristallitdichte ab, was einer Reduzierung des Restkristallinitätsgrades entspricht.

Die kalorische Prüfung (DSC) eignet sich somit gut, TPU-Formteile, basierend auf deren Schmelzverhalten, nach ihrer Fertigungsqualität zu überprüfen und zu charakterisieren.

3.2.5   Einfluss langer Verweilzeiten

Der Einfluss langer Verweilzeiten der Polymerschmelze im Plastifizieraggregat und der damit verbundenen höheren thermischen Belastung des Polymers spielt unter anderem eine entscheidende Rolle bei der Frage der Wiederverwertbarkeit von innerbetrieblichen Produktionsrückständen (Rezyklat) zur Abfallvermeidung und der damit erreichbaren Formteilqualitäten. Eine erneute, thermisch-oxidative Belastung bereits zuvor thermisch hoch belasteter oder gar überhitzter Kunststoffe wird deren Qualität weiter deutlich nachteilig beeinflussen.

Von wesentlicher praktischer Signifikanz ist die Verweilzeitproblematik insbesondere auch bei den neuen und innovativen Spritzgießverfahrenstechniken – Dünnwandtechnologie und Mikrospritzgießen. Gerade in diesen Bereichen nehmen, aufgrund geringer Schussgewichte, die Verweilzeiten der Polymerschmelze in der Maschine stark zu. Bei diesen Verfahrenstechniken können Verweilzeiten der Polymerschmelzen in der Plastifiziereinheit der Spritzgießmaschine zwischen 2 bis 9 Minuten beobachtet werden.

Die Auswirkung unterschiedlich langer Verweilzeiten bei einer Massetemperatur von 290 °C während der Spritzgießverarbeitung auf das kalorische Verhalten von unverstärktem, naturfarbenem Polybutylenterephthalat PBT ist in Bild 87 aufgezeigt. Mit zunehmender Verweilzeit verschieben sich die Erstarrungskurven der verschiedenen Proben zu höheren Temperaturen. Die längere Zeit bei hoher Temperatur abgebauten Proben beginnen wesentlich schneller zu erstarren und haben ihre Kristallisationsphase bereits bei höherer Temperatur abgeschlossen. Die Peakweiten verringern sich in der Folge, und die Peakhöhen wachsen; Tabelle 20. Diese Ergebnisse belegen eine fortschreitende Degradation des Polymers bei andauernder thermischer Belastung seiner Schmelze. Der Polymerabbau kann auch durch den Abfall der gemessenen Viskositätszahlen (Tabelle 21) bestätigt werden.

Verweilzeitbedingte, molekulare Änderungen in der Polymerschmelze wirken sich bei deren Erstarrung zum Formteil auf die Ausbildung der sphärolithischen Überstruktur im Teil und demzufolge auf seine resultierenden Gebrauchseigenschaften aus. In Bild 88 und 89 sind die Auswirkungen auf die morphologische Strukturausbildung und

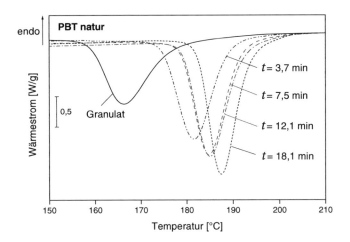

Bild 87: Einfluss der Verweilzeit auf das Kristallisationsverhalten von PBT natur (Werkstoff: Ultradur B4520 natur; Probenform: Schulterstab $4 \times 1\,mm^2$; DSC: 1. Abkühlung: 280–30 °C; Kühlrate: 20 K/min; Spülgas: N_2; Einwaage: $3,5 \pm 0,1$ mg)

Tabelle 20: Charakteristische, kalorische Kennwerte der in Bild 87 untersuchten Proben (Auswertegrenzen: 1. Abkühlung: 120–210 °C)

Verweilzeit	1. Abkühlung				
	–	3,7 min	7,5 min	12,1 min	18,1 min
normalisierte Enthalpie [J/g]	−44	−54	−56	−55	−58
Onset [°C]	175,9	190,5	192,9	193,9	194,5
Peakhöhe [W/g]	1,3	1,9	1,9	1,9	2,2
Peakmaximum [°C]	166,7	183,5	185,8	186,5	187,9
Endset [°C]	158,9	177,2	179,2	179,5	182,2
Peakweite [°C]	9,3	7,7	8,0	8,0	7,0

– = Granulat

Tabelle 21: Viskositätszahl PBT naturfarben in Abhängigkeit der Verweilzeit bei 290 °C

Verweilzeit [min]	–	3,7	7,5	12,1	18,1
Viskositätszahl [mL/g]	130	97	85	40	48

– = Granulat

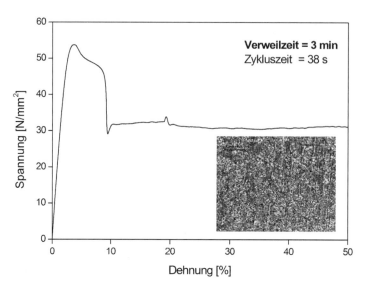

Bild 88: Verformungsverhalten von PBT-Formteilen nach einer Verweilzeit von 3 min bei 290 °C (Werkstoff: PBT natur; Probenform: Schulterstab: 4 × 1 mm²; Zugprüfung: Vorkraft = 1 N; Prüfgeschwindigkeit = 10 mm/min; Dehnungsaufnehmer: Multisens)

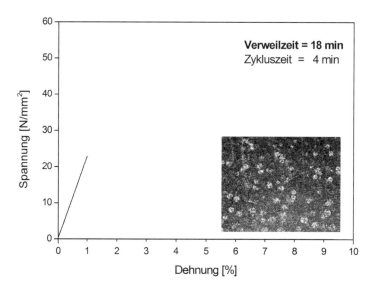

Bild 89: Verformungsverhalten von PBT-Formteilen nach einer Verweilzeit von 18 min bei 290 °C (Werkstoff: PBT natur; Probenform: Schulterstab: 4 × 1 mm²; Zugprüfung: Vorkraft = 1 N; Prüfgeschwindigkeit = 10 mm/min; Dehnungsaufnehmer: Multisens)

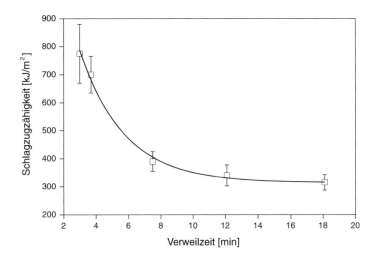

Bild 90: Einfluss der Verweilzeit auf die Schlagzugzähigkeit von Formteilen aus naturfarbenem PBT (Schlagzugversuch am Schulterstab 4 × 1 mm²)

die damit verbundenen mechanischen Deformationseigenschaften dargestellt. Demzufolge weisen diejenigen Formteile, welche mit einer Schmelzeverweilzeit von 3 Minuten gefertigt wurden, einen für teilkristalline Polymerwerkstoffe charakteristischen Spannungs-Dehnungs-Verlauf mit ausgeprägter Streckgrenze und einem bei hoher Deformation eintretenden Bruchversagen auf. Dagegen brechen die mit 18-minütiger Verweilzeit der Schmelze produzierten Zugstäbe bereits bei geringer Belastung extrem spröde. Die Ursache hierfür liegt offensichtlich in der jeweiligen Werkstoffqualität und ausgebildeten Gefügestruktur des Werkstoffs im Formteil.

Bei Formteilen mit einem sehr heterogenen Werkstoffgefüge mit vereinzelt auftretenden größeren Sphärolithen eines Werkstoffes mit abgebauter Molmasse, wie es beim PBT nach einer Verweilzeit von 18 Minuten der Fall ist (siehe Gefügebild in Bild 89), können einwirkende äußere Kräfte nicht mehr homogen verteilt werden. Folglich treten im Gefüge lokale Spannungskonzentrationen auf, welche zum frühzeitigen Bruch führen. Belastbarere Formteile sind demzufolge solche mit einem feinsphärolithischen Gefüge, das eine homogene Spannungsverteilung innerhalb des Werkstoffgefüges erlaubt; Bild 88. Kunststoffteile mit einer solchen und günstigen Gefügestruktur können praktisch nur unter Verwendung nukleierter, teilkristalliner Formmassen erzielt werden, unter Beachtung einer optimalen und schonenden Verarbeitung.

Das Bild 90 zeigt den dramatischen Verlust der mechanischen Eigenschaften eines mit langer Verweilzeit hergestellten Kunststoffteils.

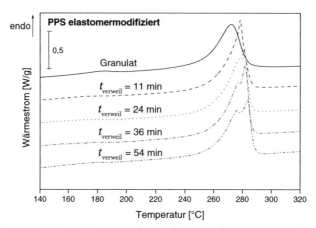

Bild 91: Einfluss der Verweilzeit auf das Schmelzverhalten von elastomermodifiziertem PPS (Werkstoff: Fortron SKX 343; Probenform: Schulterstab 1,25 × 0,5 mm²; DSC: 1. Aufheizung: 30–330 °C; Heizrate: 20 K/min; Spülgas: N_2; Einwaage: 5,0 ± 0,1 mg)

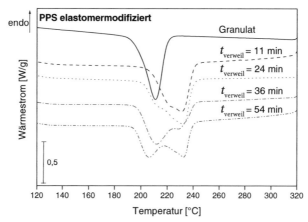

Bild 92: Einfluss der Verweilzeit auf das Kristallisationsverhalten von elastomermodifiziertem PPS (Werkstoff: Fortron SKX 343; Probenform: Schulterstab 1,25 × 0,5 mm²; DSC: 1. Abkühlung: 330–30 °C; Kühlrate: 20 K/min; Spülgas: N_2; Einwaage: 5,0 ± 0,1 mg)

Mit zunehmender Temperaturbelastung der Schmelze fällt die Schlagzugzähigkeit der untersuchten PBT-Formteile stark ab. Die Schlagzugzähigkeit reduziert sich in Abhängigkeit der Verweilzeit signifikant und beträgt nach einer Schmelzeverweilzeit von zirka 6 Minuten bei 290 °C im vorliegenden Fall nur noch die Hälfte des Ausgangswertes.

Die vorliegend betrachteten Formteile wurden aus ordnungsgemäß vorgetrocknetem Granulat spritzgießtechnisch gefertigt, der diskutierte mechanische Eigenschaftsverlust ist also ausschließlich auf die Temperaturbelastung zur Schmelze infolge unterschiedlicher Verweilzeit zurückzuführen, und es besteht keinerlei Einfluss aus einem möglichen, hydrolytisch verursachten Polymerabbau.

Am Beispiel eines elastomermodifizierten Polyphenylensulfids PPS zeigt sich ähnlich dem PBT, dass sich lange Verweilzeiten auf das Schmelz- und Kristallisationsverhalten auswirken. Nach Angaben des Rohstoffherstellers sollte beim PPS die Verweilzeit im Zylinder bei einer Massetemperatur von 320 °C 60 min nicht überschreiten, da sonst ein thermischer Abbau eintritt. Dieser Abbau zeigt sich in den Thermogrammen des bei 340 °C mit bis zu 54 min Verweilzeit verarbeiteten PPS augenscheinlich in den Aufheiz- und Abkühlkurven; Bild 91 und 92.

Bei dem hier untersuchten linearen PPS findet bei zunehmender Verweilzeit eine Kettenverkürzung statt. Diese bewirkt einen zunehmend deutlich ausgeprägten Doppelpeak, sowohl im Bereich der Kristallitschmelztemperatur als auch in der Erstarrungskurve. Die damit verbundene Verbreiterung und Verlagerung des Kristallisationspeaks zu höheren Kristallisationstemperaturen kann als charakteristisches Merkmal für „mangelhaft" verarbeitetes und geschädigtes, lineares PPS herangezogen werden.

Anhand der dargestellten Untersuchungsbeispiele lässt sich grundsätzlich erkennen, dass Verweilzeiten > 5 min selbst bei moderaten Massetemperaturen zur thermischen Schädigung von Polymeren und damit einhergehend zu einer Reduzierung ihrer mechanischen Eigenschaften führen können. Bei kleinen Schussgewichten muss daher unbedingt die Zylindergröße so angepasst sein, dass die Schusskapazität zu 30 bis 70 % genutzt wird und sich somit geringe Verweilzeiten ergeben.

3.2.6   Einfluss der Feuchtigkeit

Viele Kunststoffe, insbesondere die Polyamide und Polyester, sind hygroskopisch und nehmen dementsprechend Feuchtigkeit aus ihrer Umgebung auf. Deshalb sind diese Werkstoffe vor ihrer Schmelzeverarbeitung auf einen minimalen Restfeuchtegehalt vorzutrocknen. Ist dies nicht ausreichend erfolgt, wird der in der polymeren Schmelze vorliegende, hochgespannte Wasserdampf zu einer hydrolytisch induzierten Polymerdegradation führen. In der Folge kann es zu fertigungstechnischen Problemen während der Verarbeitung kommen, und die hergestellten Formteile weisen ein erhöhtes Risiko für Sprödbruchversagen auf.

Die Bilder 93 bis 95 zeigen, in welcher Weise die Feuchtigkeitsaufnahme bei einer PBT-Probe deren kalorische Eigenschaften beeinflusst. Bild 93 stellt den Wassereinfluss auf das Schmelz- und Kristallisationsverhalten einer PBT-Probe dar, indem „sackfrisches", vom Rohstofflieferanten angeliefertes Granulat mit in Wasser gelagertem verglichen wird. Während das Kristallisationsverhalten beider Proben ähnlich erscheint, sind

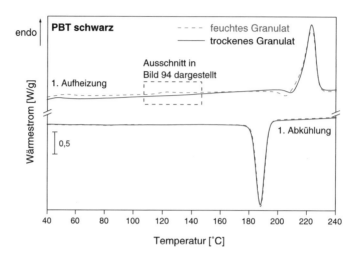

Bild 93: Einfluss des Feuchtegehalts auf das Schmelz- und Kristallisationsverhalten einer PBT-Formmasse (Werkstoff: Ultradur B4520 schwarz 0110; Probenform: Granulat; DSC: 1. Abkühlung, 2. Aufheizung: 280–30–280 °C; Kühl-/Heizrate: 20 K/min; Spülgas: N_2; Einwaage: 3,5 $\pm$ 0,1 mg)

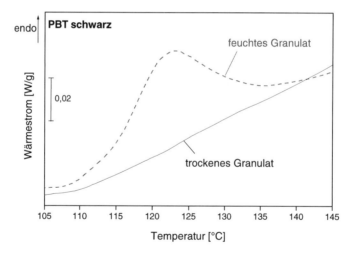

Bild 94: Ausschnitt aus dem in Bild 93 dargestellten Thermogramm; Temperaturbereich: 105–145 °C

beim Aufschmelzen der Proben in der 1. Aufheizung deutliche Unterschiede zu verzeichnen. Das feuchte Granulat weist im Gegensatz zum trockenen Granulat in der 1. Aufheizung bei zirka 120 °C einen kleinen endothermen Peak auf (siehe Ausschnittvergrößerung in Bild 94). Dieser resultiert aus dem im Polymer eingelagerten Wasser, welches während des Aufheizens verdampft. Weiterhin ergeben sich Unterschiede im

Nachkristallisations- und Schmelzverhalten der beiden Proben. Da hauptsächlich die amorphen Bereiche Wasser aufnehmen, werden die Polymerketten durch die Anlagerung von Wasser unflexibler und können somit wesentlich schlechter nachkristallisieren. Wird aber das angelagerte Wasser abgedampft (wie hier zum Beispiel durch das Aufheizen der DSC-Probe), dann erhöht sich das freie Volumen, demzufolge steigert sich die Molekülbeweglichkeit, und somit verbessert sich das Kristallisationsverhalten der zunächst gehinderten amorphen Polymerketten, was sich in der Folge auf den Nachkristallisationsprozess auswirkt. Das ausgeprägte Nachkristallisationsverhalten der feuchten PBT-Probe im Vergleich zum trockenen Granulat bestätigt diesen Effekt deutlich.

Insofern hängt auch die Wasseraufnahme von der Höhe des Kristallisationsgrades ab. Zudem erhöht das anhaftende Wasser die Einwaage der Probe und verfälscht somit die Berechnung der Enthalpiewerte bzw. des daraus ermittelten Kristallisationsgrades.

Aus den genannten Gründen ist es für vergleichende Untersuchungen notwendig, den Wassergehalt der Proben zu kennen und diesen bei der Auswertung der Ergebnisse zu berücksichtigen.

Bei Polybutylenterephthalat PBT handelt es sich um einen stark feuchtigkeitsempfindlichen Polymerwerkstoff, welcher zu hydrolytischer Degradation neigt. Aus diesem Grund ist der Werkstoff vor einer Spritzgießverarbeitung ausreichend vorzutrocknen, die Restfeuchte im Granulat muss $\leq 0,04\,\%$ betragen.

Bei gezielter Nasskonditionierung der Granulate kann ein Feuchtegehalt bis zur Sättigung von zirka 0,25 % erreicht werden. Derart vorbehandeltes Granulat wurde neben ordnungsgemäß vorgetrockneter Formmasse spritzgießtechnisch zu Probekörpern verarbeitet und anschließend mittels DSC untersucht. Die Ergebnisse der Erstarrungskurven in der 1. Abkühlung sind in Bild 95 dargestellt. Mit zunehmender Restfeuchte im Granulat verschieben sich die Kristallisationstemperaturen der spritzgegossenen Proben zu höherer Temperatur. Dennoch ist der Unterschied im Kristallisationsverhalten am weitestgehenden zwischen dem unverarbeiteten Granulat ($T_K = 168\,°C$) und den vor der DSC-Prüfung schmelzeverarbeiteten Proben ($T_K = 179$ bis $184\,°C$), deren Formmassen unterschiedliche Vorbehandlungen erfuhren.

Die Auswirkungen von unterschiedlichen Restfeuchtegehalten in der Formmasse vor der Verarbeitung auf das Kristallisationsverhalten der gefertigten Formteilen sind also vergleichsweise gering gegenüber dem generellen Unterschied zwischen dem unverarbeiteten und schmelzeverarbeiteten Kunststoff im Kristallisationsverhalten. Es lässt sich eine Erhöhung der Kristallisationstemperatur von $T_K = 179\,°C$ bei einem Restfeuchtegehalt von 0,04 % (= trockene Formmasse) zu $T_K = 184\,°C$ bei 0,17 % und 0,26 % Feuchtegehalt feststellen. Danach zu urteilen, wurde der Kunststoff durch die

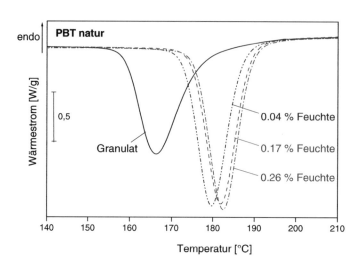

Bild 95: Einfluss des Feuchtegehalts vor der Verarbeitung auf das Kristallisationsverhalten einer PBT-Formmasse (Werkstoff: Ultradur B4520 naturfarben; Probenform: Schulterstab 4 × 1 mm²; DSC: 1. Abkühlung: 280–30 °C; Kühlrate: 20 K/min; Spülgas: N₂; Einwaage: 3,5 ± 0,1 mg)

Tabelle 22: Viskositätszahl der PBT-Formteile (PBT natur) in Abhängigkeit der Vorkonditionierung

Konditionierung vor Verarbeitung	–	Trocknen	50 % r.H./72 h	93 % r.H./72 h
Viskositätszahl [mL/g]	130	122	120	118

– = Granulat

Verarbeitung sowohl mechanisch als auch hydrolytisch abgebaut. Allerdings verursacht die Schmelzeverarbeitung des PBT überhaupt, durch die aufgebrachte Temperaturbelastung induziert, offensichtlich eine weit ausgeprägtere Materialveränderung, als dies durch einen vorhandenen Restfeuchtegehalt im Granulat bewirkt wird. Dies ist insofern interessant, wird doch stets von den Rohstoffherstellern auf eine sorgfältige Vortrocknung des PBT hingewiesen. Es gibt allerdings keine entsprechenden Darlegungen über die Temperaturempfindlichkeit des Kunststoffs bei einer Verarbeitung. Nach den vorliegenden Untersuchungsergebnissen wirkt eine hohe Temperaturbelastung des Kunststoffs als ungünstigere Prozessbedingung als eine mangelhafte Vortrocknung des Granulats. Dennoch darf nicht geschlossen werden, dass ein Vortrocknen des Kunststoffs vor seiner Verarbeitung unterbleiben kann.

Diese kalorisch detektierten und diskutierten Befunde werden durch die Untersuchungsergebnisse der Lösungsviskosimetrie (Tabelle 22) und der verändert gefundenen mechanischen Eigenschaften (Bild 95) bestätigt.

Im vorliegend untersuchten Fall hat der Restfeuchtegehalt der Formmasse vor der Verarbeitung keinen signifikanten Einfluss auf die Qualität der spritzgegossenen Formteile im Kurzzeitversuch. Die Schlagzugzähigkeit der Formteile und auch ihre Verarbeitungsschwindung bleiben unverändert; Bild 96.

Weiter muss jedoch angenommen werden, dass die Verarbeitung des PBT-Granulats mit einem Restfeuchtegehalt dazu führt, dass der im polymeren Werkstoff enthaltene Hydrolyseschutz bereits während der Verarbeitung aufgebraucht wird und somit keine Langzeitstabilisierung des Kunststoffes mehr gegeben ist. Hierüber geben die dargestellten Ergebnisse jedoch keine Auskunft.

3.2.6.1 Einfluss der Konditionierung

Die Existenz von Feuchtigkeit in hygroskopischen Kunststoffen wirkt sich nicht nur während der Verarbeitung nachteilig auf die mechanischen Eigenschaften von daraus hergestellten Formteilen aus, indem sie eine hydrolytische Degradation des Polymers bewirkt, sondern nimmt auch bei einer Konditionierung der hergestellten Teile Einfluss auf deren Gebrauchseigenschaften. Dieser Effekt tritt besonders bei Polyamiden auf, welche bei Umgebungstemperatur und 50 % relativer Feuchte bis zu 2,5 Gew. % Wasser und bei Lager in Wasser bis zu 8 Gew. % aufnehmen. Die Wasseraufnahme entspricht einer äußeren Weichmachung und ist mit einer entsprechenden Reduktion in der Steifigkeit, Zunahme der Schlagzähigkeit und einer ausgeprägteren Kriechneigung verbunden.

Bild 97 zeigt den Verlauf des Speichermoduls eines PA66-GF30, gemessen mittels dynamisch-mechanischer Analyse DMA in Abhängigkeit der Temperatur für konditionierte

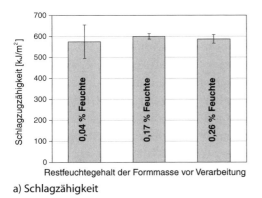
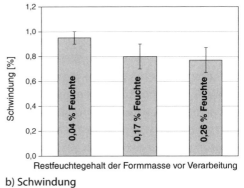

a) Schlagzähigkeit   b) Schwindung

Bild 96: Einfluss des Konditionierungszustandes vor der Verarbeitung auf die mechanischen und physikalischen Eigenschaften spritzgegossener Formteile aus PBT

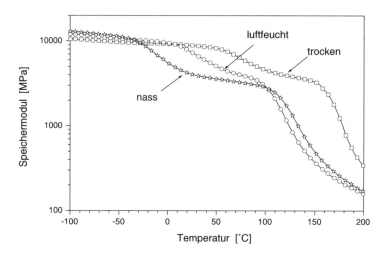

Bild 97: Einfluss der Konditionierung auf die Speichermodul-Temperatur-Kurven von Mikroformteilen aus PA66-GF30 (DMA: stat. Belastung = 0,5 % Dehnung, dyn. Belastung = 0,1 % Dehnung, 10 Hz)

Formteile. Dabei fällt auf, dass die Steifigkeit des nassen PA66-Formteils (gelagert in Wasser bis zur Sättigung) bereits ab −30 °C stark abfällt. Im Gegensatz dazu verringert sich die Steifigkeit des trockenen Formteils erst oberhalb 70 °C signifikant. Der gemessene und zugehörige Verlauf des Verlustfaktors über die Temperatur, Bild 98, der untersuchten Proben belegt erwartungsgemäß, dass die dargelegten Phänomene in den Steifigkeitskurven mit der jeweiligen Lage der Glasübergangstemperatur in Zusammenhang stehen. Diese verschiebt sich vom trockenen Zustand ausgehend von ungefähr 80 °C nach 0 °C mit zunehmender Feuchtigkeit. Die Daten ergeben sich aus den DMA-Kurven, indem die dem Peakmaximum im Kurvenverlauf des mechanischen Verlustwinkels zugehörige Temperatur als Glasübergangstemperatur T_g angenommen wird.

Die Änderung der Glasübergangstemperatur von Formteilen aus PA66-GF30 durch Konditionierung kann ebenfalls mit der DSC ermittelt werden, Bild 99, allerdings vergleichsweise weniger ausgeprägt. Während das trockene Formteil in der 1. und 2. Aufheizung eine nahezu identische Glasübergangstemperatur von ungefähr 85 °C aufweist, ist beim nassen Formteil in der 1. Aufheizung deutlich ein Unterschied zu verzeichnen; Tabelle 23. Durch die Absorption von Wasser und Anlagerung an den amorphen Gefügebereichen des Polymers verschiebt sich dessen Glasübergangstemperatur zu einer geringeren Temperatur, in diesem Fall mit 47 °C gemessen. Weiterhin zeigen sich, ähnlich dem bereits diskutierten PBT-Granulat, in Abhängigkeit des Konditionierungszustandes Unterschiede im Nachkristallisations- und Schmelzverhalten der Proben; Bild 99.

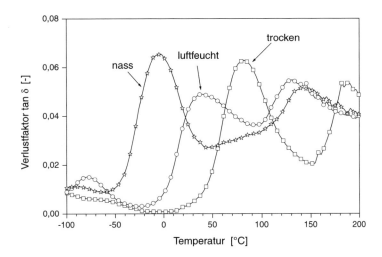

Bild 98: Einfluss der Konditionierung auf das Dämpfungsverhalten von Mikroformteilen aus PA66-GF30 (DMA: stat. Belastung = 0,5 % Dehnung, dyn. Belastung = 0,1 % Dehnung, 10 Hz)

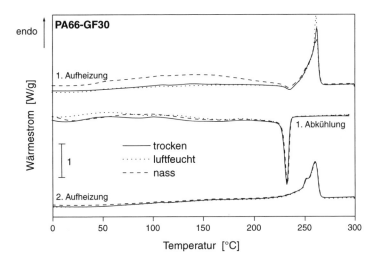

Bild 99: Einfluss der Konditionierung auf das kalorische Verhalten von Mikroformteilen aus PA66-GF30 (Werkstoff: Ultramid A3EG6 schwarz; Probenform: Schulterstab 1,25 × 0,5 mm²; DSC: 1. Aufheizung, 1. Abkühlung, 2. Aufheizung: 30–330–30 °C; Heiz-/Kühlrate: 20 K/min; Spülgas: N₂; Einwaage: 4,7 ± 0,1 mg)

Tabelle 23: Einfluss der Konditionierung auf den Glasübergang von Formteilen aus PA66-GF30, gemessen mit DSC

Konditionierungszustand	T_g (1. Aufheizung) [°C]	T_g (2. Aufheizung) [°C]
Nass (ca. 6 % r.H.)	47	90
Trocken (< 0,1 % r.H.)	84	85

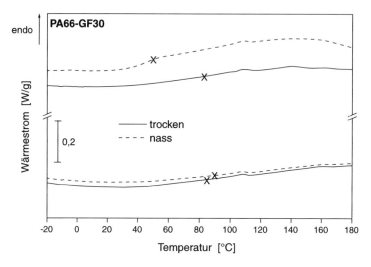

Bild 100: Einfluss der Konditionierung auf den Glasübergang von Formteilen aus PA66-GF30, Ausschnitt aus Bild 99 (Werkstoff: Ultramid A3EG6 schwarz; Probenform: Schulterstab 1,25 × 0,5 mm²; DSC: 1. Aufheizung, 1. Abkühlung, 2. Aufheizung: 30–330–30 °; Heiz-/Kühlrate: 20 K/min; Spülgas: N₂; Einwaage: 4,7 ± 0,1 mg)

Grundsätzlich verursacht eine Feuchtekonditionierung von Formteilen aus hygroskopischen Polymeren eine mehr oder weniger ausgeprägte Änderung der Beweglichkeit ihrer amorphen Bereiche und wirkt sich somit im Festkörperzustand des Kunststoffs primär auf dessen Glasübergang und die damit verbundenen Eigenschaften aus. Die DSC-Messung ist nur bedingt fähig, Glasübergänge sensitiv zu detektieren, da die am Glasübergang zu beobachtende Änderung der Wärmekapazität der Probe gering ist und dadurch sehr geringe kalorische Änderungen quantitativ erfasst werden müssen. Dies macht die Bestimmung der Glasübergangstemperatur T_g mittels DSC-Messung schwierig. Hier empfiehlt sich klar, die dynamisch-mechanische Analyse DMA als ein für diese Messung überlegenes Verfahren einzusetzen. Im Bereich der Glasübergangstemperatur ändert sich die Steifigkeit eines Polymers drastisch, bis zu einem Faktor von 100, und in der Folge kann der Glasübergang mittels DMA weit besser untersucht und analysiert werden.

3.2.7   Detektion der Werkzeugtemperatur

Bei der kunststofftechnischen Verarbeitung bestimmen die thermischen Prozessbedingungen (Massetemperatur/Werkzeugtemperatur) mithin die Verarbeitbarkeit und
schließlich die Abkühlgeschwindigkeit der Polymerschmelze während ihrer Erstarrung
zum Formteil. Aus unterschiedlichen Abkühlbedingungen resultieren verschiedene
Gefügestrukturen und Kristallisationsgrade im Festkörper, und daraus ergeben sich
variierende Endeigenschaften der hergestellten Formteile. Infolgedessen sind die Wahl
einer optimalen Werkzeugtemperatur und das Einhalten dieser beim Spritzgießen von
Thermoplasten auch wichtig. Bei teilkristallinen Polymeren besteht eine klare Abhängigkeit zwischen der Werkzeugtemperatur und dem Schwindungs- und auch Nach-
schwindungsverhalten eines Formteils. Die Nachkristallisation in Formteilbereichen
mit mangelhaft ausgebildeter, kristalliner Struktur führt zu einer maßgeblichen Nach-
schwindung bei Kunststoffteilen und kann Ursache für deren Verzug sein; Bild 101.

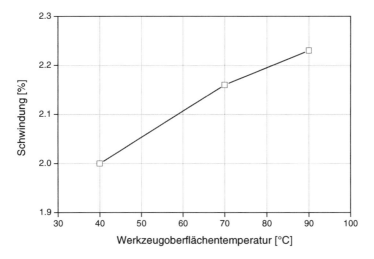

Bild 101: Gesamtschwindung in Abhängigkeit der Werkzeugoberflächentemperatur nach 30 Tagen
(Werkstoff: Ultradur B4520 schwarz 0110; Schulterstab 4 × 1 mm²)

Die Bilder 102 bis 105 zeigen die Auswirkungen unterschiedlicher Werkzeugoberflä-
chentemperaturen bei der spritzgießtechnischen Herstellung von Kunststoffformteilen
auf deren Nachkristallisationspotenzial und dessen Detektionsmöglichkeit mit Hilfe
der DSC-Prüfung. In beiden untersuchten Fällen (Werkstoff verstärkt und unverstärkt)
verschiebt sich der dem Schmelzbereich vorgelagerte Nachkristallisationspeak mit zunehmender Werkzeugtemperatur zu höheren Temperaturen.

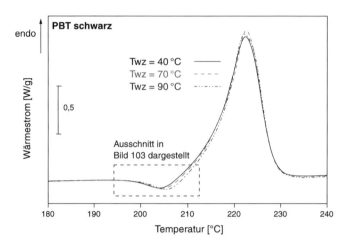

Bild 102: Einfluss der Werkzeugtemperatur auf das Nachkristallisationsverhalten von PBT schwarz (Werkstoff: Ultradur B4520 natur; Probenform: Schulterstab 4 × 1 mm²; DSC: 1. Aufheizung: 30–280 °C; Heizrate: 20 K/min; Spülgas: N₂; Einwaage: 3,5 ± 0,1 mg)

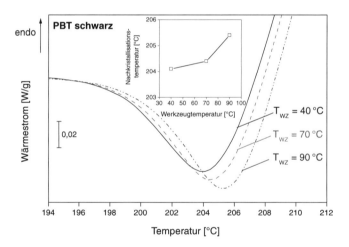

Bild 103: Ausschnitt aus dem in Bild 102 dargestellten Thermogramm; Temperaturbereich: 194–212 °C

Der Polymerwerkstoff PBT, in schwarzer Einfärbung untersucht, zeigt sowohl bei einer Verarbeitung mit 40 °C, 70 °C und 90 °C Werkzeugtemperatur Nachkristallisationseffekte, wiewohl die Werkzeugtemperatur mit 90 °C bereits deutlich über der Glasübergangstemperatur von $T_g = 50$ °C des PBT liegt. Die Temperatur des gemessenen, exothermen Nachkristallisationspeaks steigt mit zunehmender Werkzeugtemperatur deutlich, wie das Diagramm in Bild 103 zeigt.

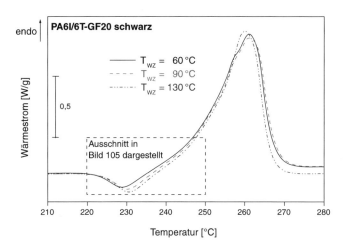

Bild 104: Einfluss der Werkzeugtemperatur auf das Nachkristallisationsverhalten von teilaromatischem PA6I/6T-GF 20 schwarz (Werkstoff: Grivory GV2H schwarz 9815; Probenform: Schulterstab 4 × 1 mm²; DSC: 1. Aufheizung: 30–330 °C; Heizrate: 20 K/min; Spülgas: N₂; Einwaage: 7,9 ± 0,1 mg)

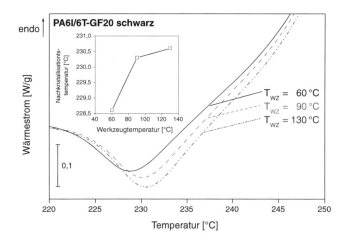

Bild 105: Ausschnitt aus dem in Bild 104 dargestellten Thermogramm; Temperaturbereich: 220–250 °C

Das Schwindungsverhalten des untersuchten Polymers, Bild 101, ändert sich ebenso signifikant mit der Werkzeugtemperatur, wobei die Schwindungszunahme von 40 °C nach 70 °C Werkzeugtemperatur deutlich größer ist als von 70 °C nach 90 °C, wenn die Temperatur die Glasübergangstemperatur des PBT, von 50 °C, bereits weit überschritten hat.

Das Nachschwindungspotenzial des mit 90 °C Werkzeugtemperatur hergestellten Formteils ist kleiner als im Falle einer Werkzeugtemperatur von nur 40 °C anzunehmen. Nach den vorliegenden Untersuchungsergebnissen zu urteilen, wäre eine Werkzeugtemperatur von mehr als 90 °C für die Verarbeitung des untersuchten PBT-Werkstoffes empfehlenswert, wenn ein nachschwindungsfreies Formteilgefüge hergestellt werden soll.

Im Falle des untersuchten PA6I/6T-GF20 mit einem Glasfasergehalt von 20 % sind ebenfalls Nachkristallisationseffekte beobachtbar, abhängig von der gewählten Werkzeugtemperatur während der Verarbeitung des Kunststoffs. Es ist auch hier ein klarer Anstieg der Temperatur des Nachkristallisationspeaks zu verzeichnen, wenn von einer Werkzeugtemperatur 60 °C nach 90 °C übergegangen wird. Wird die Werkzeugtemperatur dann weiter von 90 °C nach 130 °C erhöht, ist allenfalls noch eine marginale Temperaturerhöhung feststellbar (siehe Diagramm in Bild 105). Damit lässt sich schlussfolgern, dass diese Werkzeugtemperatur bereits ausreichend hoch ist, sodass kein besonderes ausgeprägtes Nachschwindungspotenzial des Werkstoffs mehr besteht.

Für die spritzgießtechnische Herstellung von Präzisions-Formteilen ist die Erzeugung einer thermodynamisch stabilen Gefügestruktur im Formteil Voraussetzung. Dies setzt unter anderem die Wahl einer für die Verarbeitung des jeweiligen Kunststoffs optimalen Werkzeugtemperatur voraus. Widrigenfalls entstehen Formteile mit ungünstigen Gebrauchseigenschaften und veränderlichen Formteiltoleranzen, auch Teile, die zum Verzug neigen. Mittels der DSC-Prüfung lassen sich über die thermodynamische Stabilität von spritzgegossenen Formteilen wichtige Aussagen treffen, wie die vorausgegangenen Ergebnisse belegen.

3.2.8   Einfluss verschiedener Prozessparameter

Vorangehend wurden detailliert die Auswirkungen einzelner Fertigungsprozessparameter auf die Endeigenschaften spritzgießtechnisch hergestellter Formteile dargestellt und deren Einfluss auf die kalorischen Eigenschaften eines Formteils, welche mit Hilfe der DSC schnell und einfach untersucht werden können und die Auskünfte über die Struktureigenschaften des Formteils erlauben, diskutiert. In diesem Zusammenhang wird festgestellt, dass die DSC-Prüfung spezifische und im Einzelnen wertvolle Erkenntnisse liefert.

Die Frage seitens der qualitätstechnischen Praxis ist nun dahingehend, ob die DSC-Prüfung auch verschiedene Prozessschwankungen, die potenziell einzeln oder gleichzeitig auftreten können und Einfluss auf die Qualität eines Formteiles nehmen, erfassen und bewerten kann. Ein Polymer kann bekanntermaßen während seiner Verarbeitung zum Formteil in unterschiedlichster Weise nachteilig beeinflusst werden, sei es durch hohe mechanische Scherung, thermische Überlastung, hydrolytische Degradation, Materialschwankungen oder Kombinationen aus diesen Einzeleinflüssen. Dementsprechend wurde der Einfluss verschiedener, in der fertigungstechnischen Praxis möglicherweise auftretender, kritischer Prozessparameter auf die resultierenden Qualitätseigenschaften eines aus Polybutylenterephthalat PBT hergestellten Formteils systematisch untersucht. Die Auswirkungen verschiedener Prozessparameter auf die kalorischen Eigenschaften des Kunststoffs nach seiner Verarbeitung und in diesem Fall auf sein Kristallisationsverhalten sind in Bild 106 dargestellt.

Ausgehend von einer Standardeinstellung der Spritzgießparameter (Massetemperatur = 262 °C, Spritzgeschwindigkeit = 40 mm/s, Restfeuchte des Granulats $\leq$ 0,008 %, Werkzeugtemperatur = 60 °C) bei der Herstellung von Formteilen aus PBT, wurden die Einspritzgeschwindigkeit, die Massetemperatur und die Restfeuchte des zu verarbeitenden Granulats variiert und – die so gefertigten Formteile mit den nach Standardeinstellungen gefertigten vergleichend – mittels DSC untersucht.

Wie sich in Bild 106 zeigt, beeinflussen die variierten Prozessparameter das Kristallisationsverhalten des Werkstoffs. Die Verschiebung der Kristallisationstemperatur zu höheren Temperaturen von unverarbeitetem Granulat zu den nach verschiedenen Prozessbedingungen gefertigten Formteilen signalisiert ganz generell eine thermomechanische Schädigung des Polymers während und durch die Verarbeitung. Der solcherart induzierte Abbau der Polymerketten hat zur Folge, dass sich die Kristallisationsgeschwindigkeit des polymeren Werkstoffs erhöht und somit die Erstarrung der Polymerschmelze auch frühzeitiger, d. h. bei höherer Temperatur erfolgt.

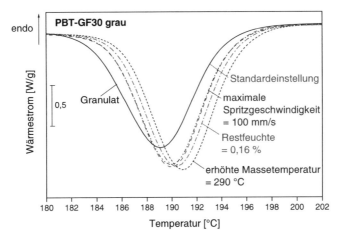

Bild 106: Einfluss verschiedener Fertigungsprozessparameter auf das Kristallisationsverhalten von PBT-GF30 grau (Werkstoff: Ultradur B4300 G6 grau; Probenform: Formteil; DSC: 1. Abkühlung: 280–30 °C; Kühlrate: 20 K/min; Spülgas: N$_2$; Einwaage: 3,5 $\pm$ 0,1 mg)

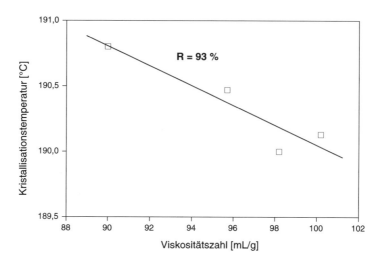

Bild 107: Kristallisationsverhalten, gemessen mittels DSC in Abhängigkeit der Viskositätszahl (Werkstoff: Ultradur B4300 G6 grau; Probenform: Formteil; DSC: 1. Abkühlung: 280–30 °C; Kühlrate: 20 K/min; Spülgas: N_2; Einwaage: 3,5 ± 0,1 mg)

Den im vorliegenden Vergleichsfall deutlichsten Einfluss auf die Qualität der hergestellten Formteile nimmt die erhöhte Massetemperatur (= 290 °C). Im Vergleich zu den mit anderen Prozessparametern verarbeiteten Formteilen (Standardeinstellung, überhöhte Spritzgeschwindigkeit mit 100 mm/s, Restfeuchte = 0,16 %), die alle bei 190 °C kristallisieren, erstarrt die erstgenannte Probe schon bei etwa 191 °C; was einen stärkeren Abbau des Polymerwerkstoffs in diesem Fall aufzeigt; Bild 107.

Verschiedene Prozessparameter können, wie Bild 106 belegt, nachteiligen Einfluss auf die Endqualität eines gefertigten Formteils nehmen, indem sie den Ausgangswerkstoff degradieren. Dies lässt sich mit Hilfe der DSC-Prüfung offensichtlich erfassen und bewerten, auch unabhängig davon, welcher der Prozessparameter Ursache für den Polymerabbau war.

Eine Bestätigung für diese Annahme ist die in Bild 107 dargestellte Korrelation zwischen den Ergebnissen der DSC-Untersuchung und Lösungsviskositätsmessungen der entsprechenden Proben. Es besteht hier ein proportionaler Zusammenhang zwischen der gemessenen Kristallisationstemperatur und der zugehörigen Viskositätszahl und somit eine klare Korrelation.

Insofern liefert das DSC-Ergebnis über die Betrachtung des Erstarrungsverhaltens der verschieden verarbeiteten Formteile tatsächlich Hinweise auf die vorausgegangenen Fertigungsbedingungen, einen möglichen Polymerabbau und demzufolge auf die Formteilqualität.

3.2.9   Unterscheidung von Gut- und Schlechtteil

Oftmals ist in der kunststofftechnischen Fertigung eine klassifizierende Aussage zur Qualität eines Formteils völlig ausreichend, und es besteht einzig der Wunsch nach einem schnellen Prüfergebnis. Die dynamische Differenzkalorimetrie DSC liefert aussagekräftige Ergebnisse für eine umfangreiche Werkstoffcharakterisierung; sie ist einfach in der Handhabung, misst zuverlässig und kann deshalb auch als klassifizierendes Prüfverfahren eingesetzt werden, wie Bild 108 bestätigt.

Wenn von einem erprobten, als gut erkannten und freigegebenen Formteil ein Thermogramm existiert (Referenzteil), dann können in ihrer Qualität zu beurteilende Teile anderer Chargen vergleichend gegengeprüft werden. Abweichungen im Thermogramm des geprüften Teils gegenüber dem Referenzteil werden integral als Qualitätsmangel erkannt. Die einzelnen Einflussfaktoren, welche zur Veränderung des Thermogramms geführt haben, müssen dabei nicht eingehend bekannt sein, es genügt, einheitliche Thermogramme oder Unterschiede festzustellen. Im vorliegenden Fall sind klare Unterschiede im kalorischen Verhalten zwischen dem Gutteil und dem durch seine mangelhaften Gebrauchseigenschaften als Schlechtteil erkannten PA-Formteil ersichtlich. D. h., eine Fertigungsüberwachung mittels DSC hätte die Fehlcharge sofort erkannt und geeignete Abhilfemaßnahmen hätten eingeleitet werden können.

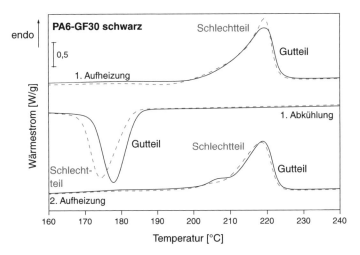

Bild 108: DSC-Thermogramm eines Gut- und Schlechtteils aus PA6-GF30 schwarz (Werkstoff: PA6-GF30 schwarz; Probenform: Formteil; DSC: 1. Aufheizung, 1. Abkühlung, 2. Aufheizung: 30–290–30–290 °C; Kühl-/ Heizrate: 20 K/min; Spülgas: N₂; Einwaage: 4,0 ± 0,1 mg)

Die unterschiedlichen Schmelzverhalten in der 1. Aufheizung der beiden spritzgegossenen, gleichen Formteile weisen auf deren unterschiedliche thermische Vorgeschichten hin. Demzufolge wurden diese Teile aus unterschiedlichen Chargen mit verschiedenen Fertigungsprozessbedingungen hergestellt.

Der Kristallisationstemperaturbereich des Schlechtteils ist im Vergleich zum Gutteil zu niedrigen Temperaturen verschoben, d. h., während der Verarbeitung des Kunststoffs zum Schlechtteil fand eine Vernetzungs- oder Verzweigungsreaktion statt; das Polymer wurde infolgedessen aufgebaut und ist daher jetzt weniger fließfähig bzw. kristallisationsgehemmt. Diese Art der Aufbaureaktion lässt sich insbesondere bei Polyamid 6-Typen beobachten. Entsprechend der Werkstoffveränderung zeigen auch die DSC-Kurven der 2. Aufheizung Unterschiede.

Die vorliegenden DSC-Untersuchungsergebnisse für die beiden Formteile erlauben, auch ohne detailliertes Wissen über die spezielle thermomechanische Vorgeschichte des einzelnen Formteiles, folgende Schlüsse:

- die Formteile wurden nach unterschiedlichen Verarbeitungsbedingungen hergestellt;

- die Endeigenschaften der untersuchten Formteile sind unterschiedlich;

- das Schlechtteil ist ein Schlechtteil, da es in seinen kalorischen Eigenschaften signifikant von denen des Referenzteiles abweicht.

Für eine schnelle, vergleichende Klassifizierung von Formteilqualitäten sind diese Aussagemöglichkeiten hinreichend.

3.2.10   Detektion der Temperkonditionen

Gefertigte Formteile aus Kunststoff können durch nachträgliches Tempern eventuell in einen thermodynamisch stabileren Zustand überführt werden. Dies wird angestrebt, um über die Gebrauchsdauer eines Formteiles dessen gleich bleibende Eigenschaften zu gewährleisten. Tempern bedeutet dabei eine gezielte Wärmebehandlung des Formteiles oder Halbzeuges.

Dieser thermische Prozess der Temperung fördert insbesondere die Um- und Nachkristallisation eines Polymers und wirkt sich somit auf die Art und den Umfang der ausgebildeten kristallinen Strukturen aus. Eine Temperung führt oft zu einer für die Gebrauchseigenschaften günstigeren Anordnung der morphologischen Struktur.

Veränderungen in der morphologischen Struktur von Polymeren durch ein Tempern lassen sich mit Hilfe der DSC einfach nachweisen. Bild 109 und 110 zeigen die Auswir-

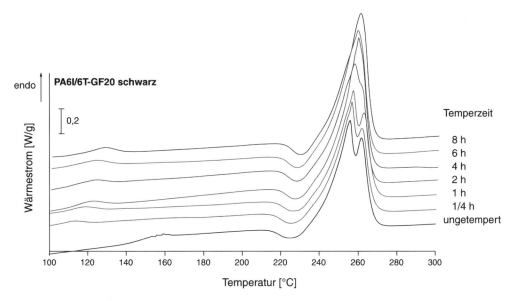

Bild 109: Einfluss unterschiedlicher Temperkonditionen auf das DSC-Thermogramm eines PA6I/6T-GF20 schwarz (Werkstoff: Grivory GV2H schwarz 9815, teilaromatisch; Tempertemperatur: 100 °C; Probenform: Formteil; DSC: 1. Aufheizung: 30–330 °C; Heizrate: 20 K/min; Spülgas: N_2; Einwaage: $7{,}9 \pm 0{,}1$ mg)

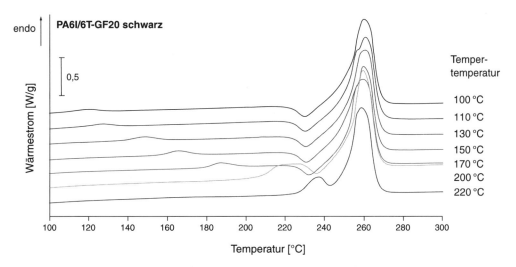

Bild 110: Einfluss der Temperkonditionen auf das DSC-Thermogramm eines PA6I/6T-GF20 schwarz (Werkstoff: Grivory GV2H schwarz 9815, teilaromatisch; Temperzeit: 1 h; Probenform: Formteil; DSC: 1. Aufheizung: 30–330 °C; Heizrate: 20 K/min; Spülgas: N_2; Einwaage: $7{,}9 \pm 0{,}1$ mg)

kungen einer Temperbehandlung auf das Werkstoffgefüge einer glasfaserverstärkten Probe aus Polyamid. Die Temperung der in Bild 109 untersuchten Proben erfolgte im Umluftofen bei konstanter Temperatur (100 °C) über verschiedene lange Temperzeiten ($^1/_4$, 1, 2, 4, 6, 8 Stunden). Dagegen wurden die in Bild 110 geprüften Proben bei verschiedenen Temperaturen (100, 110, 130, 150, 170, 200 und 220 °C) konstant über 1 Stunde Temperzeit im Umluftofen wärmebehandelt.

Es wurde bereits angesprochen: Ein Tempern wirkt sich insbesondere auf die Um- und Nachkristallisation aus, was die in Bild 109 und 110 dargestellten DSC-Kurven der 1. Aufheizung bestätigen. Durch das Tempern verändert sich der exotherme Nachkristallisationspeak der Proben bei etwa 225 °C, welcher dem Schmelzen der Probe unmittelbar vorausgeht. Es verringern sich die Peakweiten mit zunehmender Temperzeit, während die Peakhöhen zunehmen; Bild 109. Zudem verschieben sich die Peaktemperaturen in diesem Bereich zu höheren Temperaturen, wie aus Tabelle 24 zu entnehmen ist. Im Zusammenhang mit der Wärmebehandlung der Proben wird auch ein so genannter endothermer Temperpeak beobachtet, welcher sich im Temperaturbereich 110 bis 130 °C verändert, wobei dessen normalisierte Schmelzenthalpie zunimmt; Tabelle 24.

Auffällig in den dargestellten Thermogrammen ist weiterhin die charakteristische Veränderung des Schmelzverhaltens des Kunststoffs mit zunehmender Temperzeit (Bild 109). Der ausgangs detektierte Doppelpeak im Kristallitschmelzbereich, welcher das Schmelzen einer bimodalen Morphologie charakterisiert, geht durch das Tempern über längere Zeit in einen Einfachpeak über. Dies bedeutet, dass die anfänglich vorliegende Gefügestruktur im Formteil zeitlich instabil ist, sich mit zunehmender Temperzeit kontinuierlich verändert und schließlich, ab einer Temperzeit von 2 Stunden, in eine stabile Morphologie mit unveränderlichem Schmelzverhalten übergeht. Dies wird am danach unveränderten Einfach-Schmelzpeak ersichtlich.

Ein erfolgreiches Qualitätsmanagement in der Kunststofffertigung verfolgt das Ziel, Formteile mit optimaler und zeitlich konstanter Qualität herzustellen. Damit lassen sich kurz- und langzeitig Reklamationen vermeiden. Voraussetzung hierfür ist die Produktion von Formteilen mit unveränderlichen, guten Eigenschaften.

Für den vorliegend untersuchten Werkstoff (Bild 109) muss der Spritzgießprozess dahingehend optimiert werden, dass das Schmelzverhalten der hergestellten Formteile in der DSC-Prüfung dem Thermogramm der über 2 Stunden getemperten Probe entspricht.

Durch die Temperbehandlung tritt im Thermogramm der in Bild 109 untersuchten Proben, wie bereits zuvor angesprochen, ein kleiner endothermer Peak bei etwa 120 °C auf. Dieser so genannte Temperpeak kennzeichnet das Aufschmelzen der bei der Temper-

Tabelle 24: Charakteristische, kalorische Kennwerte der in Bild 109 untersuchten Proben (Auswertegrenzen: Temperpeak: 105–140 °C; Nachkristallisationspeak: 140–234 °C; Schmelzpeak: 140–290 °C)

		1. Aufheizung						
	Temperzeit [h]	0	0,25	1	2	4	6	8
Temperpeak	normalisierte Enthalpie [J/g]	–	1,0	1,6	1,9	1,8	2,0	2,2
	Onset [°C]	–	100,5	104,3	107,7	106,3	106,3	111,8
	Peakhöhe [W/g]	–	0,02	0,03	0,04	0,04	0,04	0,05
	Peakmaximum [°C]	–	112,4	118,0	121,0	122,3	122,7	127,3
	Endset [°C]	–	123,1	129,9	133,5	134,4	134,3	137,5
	Peakweite [°C]	–	12,9	14,6	15,0	16,3	16,0	14,3
Nachkristallisationspeak	normalisierte Enthalpie [J/g]	−2,7	−2,8	−3,0	−2,9	−2,7	−2,9	−2,9
	Onset [°C]	214,5	215,5	216,2	217,7	218,6	218,4	220,0
	Peakhöhe [W/g]	0,07	0,08	0,08	0,09	0,09	0,09	0,10
	Peakmaximum [°C]	224,9	225,6	226,2	227,1	226,9	227,2	228,6
	Endset [°C]	233,3	233,4	234,2	234,4	234,3	234,2	235,4
	Peakweite [°C]	12,5	11,8	12,0	10,8	10,1	10,1	9,7
Schmelzpeak	normalisierte Enthalpie [J/g]	40	39	39	41	41	40	40
	Peakhöhe [W/g]	0,9	0,9	0,9	1,0	1,1	1,0	1,0
	Peakmaximum I [°C]	255,8	256,4	257,0	257,3	258,9	258,4	259,3
	Peakmaximum II [°C]	261,8	261,5	262,4	–	–	–	–
	Endset [°C]	289,5	289,2	289,2	265,9	265,4	264,9	265,4
	Peakweite [°C]	16,2	15,3	15,9	13,5	12,5	13,0	12,8

temperatur entstandenen kleinen und weniger temperaturstabilen Kristallite. Die Lage des Temperpeaks ist abhängig von der Tempertemperatur; die gebildeten Kristallite schmelzen zirka 10 bis 20 °C oberhalb der Tempertemperatur auf (Bild 110), d. h., mit zunehmender Tempertemperatur steigt die Peaktemperatur des Temperpeaks entsprechend an; Bild 111. Liegt die Tempertemperatur dann mit 200 °C bzw. 220 °C nahe der Schmelztemperatur des Polymers, lässt sich eine so genannte Temperschulter im Thermogramm feststellen, Bild 110. Sie unterdrückt und/oder überlagert die zuvor noch detektierte Nachkristallisation und ist nicht mehr klar vom Schmelzbereich zu trennen.

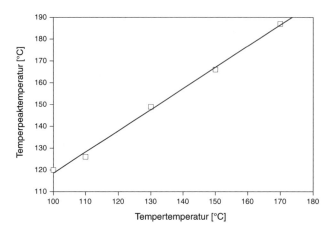

Bild 111: Temperpeaktemperatur in Abhängigkeit der Tempertemperatur

Sind für ein Polymer kontrollierte und systematische Temperversuche durchgeführt worden, lässt sich für diesen Werkstoff eine Kalibrierkurve über den Zusammenhang zwischen Tempertemperatur und zugehöriger Temperpeaktemperatur erstellen; Bild 111.

Damit wird es möglich, auch nachträglich die Temperatureinsatzbedingungen von Kunststoffteilen unter Versuchsbedingungen oder im Einsatz festzustellen, indem die Temperaturlage des Temperpeaks für dieses Kunststoffteil ermittelt wird.

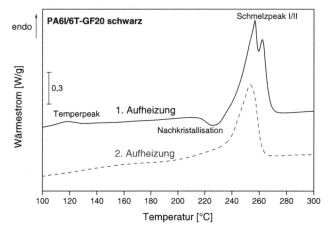

Bild 112: DSC-Untersuchung einer getemperten PA-Probe (Werkstoff: Grivory GV2H schwarz 9815, teilaromatisch; Temperkonditionen: 100 °C, 1 h; Probenform: Formteil; DSC: 1. und 2. Aufheizung: 30–330 °C; Heizrate: 20 K/min; Spülgas: N$_2$; Einwaage: 7,9 ± 0,1 mg)

Ein auftretender Peak in der DSC-Kurve in der 1. Aufheizung kann allerdings auch irrtümlicherweise als Temperpeak interpretiert werden, und vielmehr handelt es sich um eine weitere, im untersuchten Kunststoff enthaltene Polymerkomponente. Um Fehlinterpretationen dieser Art zu vermeiden, ist es notwendig, auch die Messergebnisse der 2. Aufheizung in der DSC zu berücksichtigen; Bild 112. Ist hier der Peak verschwunden, handelt es sich tatsächlich um einen Tempereffekt, während der Schmelzpeak einer möglichen zweiten Komponente in der 2. Aufheizung immer noch auftreten würde.

3.2.11 Prozessüberwachung

Die Endeigenschaften von hergestellten Formteilen aus Kunststoff werden maßgeblich von der Formteilkonstruktion, den Materialeigenschaften des eingesetzten Werkstoffs, der Werkzeugkonstruktion und den Verarbeitungsprozessbedingungen bestimmt. Veränderungen an diesen Einflussgrößen haben direkte Auswirkung auf die Endeigenschaften der Formteile und somit auf deren Qualität. Das Ziel einer jeden industriellen Fertigung ist es andererseits, eine kontinuierlich gute Formteilqualität herzustellen. Hierzu ist eine Prozessüberwachung und Produktionskontrolle erforderlich, die, im Falle von detektierten Toleranzwertüberschreitungen, ein rechtzeitiges Eingreifen in den Fertigungsablauf zum Zwecke der Qualitätsoptimierung erlaubt.

Wie bereits erläutert, erlaubt die dynamische Differenzkalorimetrie DSC, mit einer Messung gleichzeitig Aussagen über die Materialeigenschaften eines Prüflings und dessen thermische Vorgeschichte zu treffen. Dadurch kann die DSC-Prüfung werkstoff- oder fertigungsbedingte Prozessänderungen zuverlässig erkennen und unzulässige Qualitätstoleranzen schnell erfassen.

Die vorliegenden Untersuchungsergebnisse sollen die Anwendungsmöglichkeit der DSC-Analyse, auch als Methode zur Überwachung eines Fertigungsprozesses in der Kunststofftechnik, aufzeigen.

Bild 113 und 114 belegen existierende Prozessschwankungen bei den untersuchten, industriellen Produktionsbedingungen einer Großserienfertigung, indem sie deutliche Toleranzen in den gemessenen Werkstoffeigenschaften der aus homopolymerem Polyacetal POM hergestellten Formteile zeigen. Die Prüflinge wurden nach regelmäßigen Zeitabständen dem Spritzgießfertigungsprozess entnommen und anschließend kalorimetrisch untersucht.

Entsprechend den gemessenen und dargestellten DSC-Thermogrammen ändern sich das Schmelz- und das Kristallisationsverhalten der untersuchten Formteile aus POM deutlich mit der Entnahmezeit, d. h. über die Dauer der Fertigung. Sowohl die ermittelten Schmelz- und Kristallisationstemperaturen als auch die Peakweiten der zugehörigen Signale variieren im Verlauf des Produktionsprozesses. Diese Kennwerte

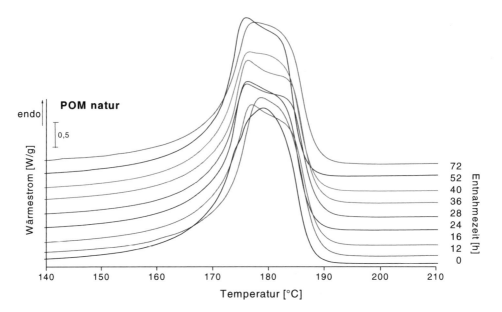

Bild 113: DSC-Kurven (1. Aufheizung) von Formteilen aus einer Serienfertigung (Werkstoff: Delrin 100 naturfarben; Probenform: Formteil; DSC: 1. Aufheizung: 30–290 °C; Heizrate: 20 K/min; Spülgas: N_2; Einwaage: 5,0 ± 0,1 mg)

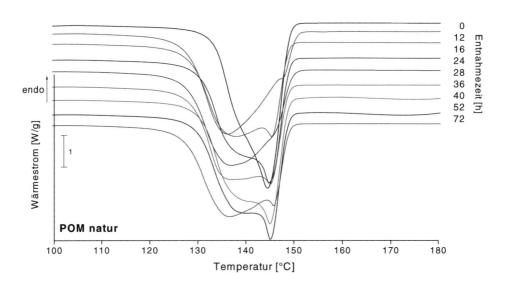

Bild 114: DSC-Kurven (1. Abkühlung) von Formteilen aus einer Serienfertigung (Werkstoff: Delrin 100 naturfarben; Probenform: Formteil; DSC: 1. Abkühlung: 290–30 °C; Kühlrate: 20 K/min; Spülgas: N_2; Einwaage: 5,0 ± 0,1 mg)

charakterisieren aber den morphologischen Zustand der Formteile und demzufolge auch deren spezifische Endeigenschaften im Gebrauch. Insofern belegen die gemessenen kalorischen Daten einen deutlich schwankenden Produktionsprozess, was mit entsprechenden Toleranzen in der Qualität der hergestellten Formteile einhergeht.

Für eine Verbesserung der Produktqualität ist der laufende Spritzgießprozess dahingehend zu optimieren, dass Formteile mit gleich bleibenden Schmelz- und Kristallisationsverhalten produziert werden. Nur so ist die Herstellung von Formteilen mit engen Toleranzen und gleich bleibenden Qualitäten gewährleistet.

3.2.12   Bewertung der Formteilqualität

Bislang wird die integrale Qualität von Formteilen aus einfach löslichen Kunststoffen – und hierzu zählen beispielsweise die technisch wichtigen Polyamide und Polyester – oft durch die Bestimmung ihrer Lösungsviskosität und der daraus ermittelten Viskositätszahl beurteilt. Dabei geht die kunststofftechnische Praxis häufig nach der Faustregel vor, wonach ein Formteil dann als Schlechtteil deklariert wird, wenn seine Viskositätszahl mehr als 10 % gegenüber der Ausgangsviskositätszahl zu geringeren Werten abweicht.

Die Bestimmung der Lösungsviskosität ist ein sensitives Nachweisverfahren für einen möglichen Abbau eines Polymers und somit als Qualitätsprüfungsverfahren grundsätzlich gut geeignet. Nachteilig bei der Durchführung ist allerdings, dass es sich bei der Lösungsviskosimetrie um ein nasschemisches Verfahren handelt, wobei für das Lösen der Polymere zum größten Teil toxische Lösungsmittel eingesetzt werden. Oft sind zudem lange Zeiten für das Lösen des Polymers vor der eigentlichen Messung notwendig. Eine schnelle und damit wirtschaftliche Qualitätsbeurteilung von Kunststoffen und Formteilen ist mit diesem Verfahren somit nicht möglich, zudem ist die Entsorgung der gebrauchten Lösungen als Sonderabfall deutlich kostspielig.

Eine vergleichsweise relativ schnelle Alternative für die Charakterisierung und Beschreibung einer Werkstoffqualität bietet daher die DSC-Analyse. Dazu muss nur einmalig eine Kalibrierkurve erstellt werden, die den Zusammenhang zwischen der Viskositätszahl VZ eines Polymers bzw. prozentualen Änderung seiner VZ und seiner Kristallisationstemperatur beschreibt; Bild 115. Anhand dieser Kalibrierkurve kann dann die für eine akzeptable Qualität maximal zulässige Kristallisationstemperatur ermittelt und als Grenzwert festgelegt werden. Danach lassen sich die auf ihre Qualität zu beurteilenden Formteile mittels DSC prüfen, indem deren Kristallisationstemperaturen bestimmt werden, da diese dem VZ-Abfall jetzt direkt zugeordnet werden können; Bild 115.

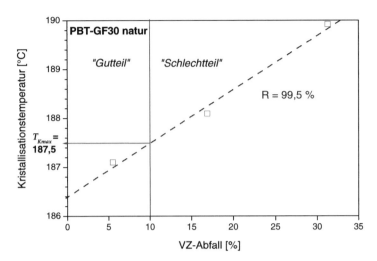

Bild 115: Zusammenhang zwischen Kristallisationstemperatur in der DSC und dem Abfall in der Lösungsviskosität (Werkstoff: Ultradur B4300 G6 naturfarben; Probenform: Schulterstab 4 × 1 mm²; DSC:
1. Abkühlung: 280–30 °C; Kühlrate: 20 K/min; Spülgas: N₂; Einwaage: 3,5 ± 0,1 mg)

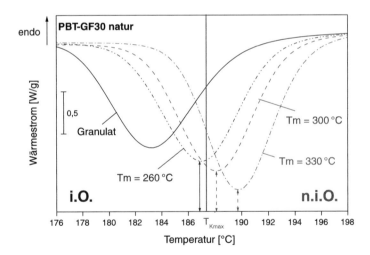

Bild 116: Qualitätsbeurteilung von Formteilen aus Kunststoff mit Hilfe der DSC, basierend auf zuvor
erstellter Kalibrierung (Werkstoff: Ultradur B4300 G6 naturfarben; Probenform: Schulterstab
4 × 1 mm²; DSC: 1. Abkühlung: 280–30 °C; Kühlrate: 20 K/min; Spülgas: N₂; Einwaage: 3,5 ±
0,1 mg)

Das Bild 116 zeigt am Beispiel eines untersuchten Polybutylenterephthalat-Werkstoffs, wie eine einfache und direkte Bewertung der Formteilqualität mit Hilfe der DSC erfolgen kann. Liegen die Kristallisationstemperaturen der analysierten Formteile unterhalb einer festgelegten Grenztemperatur (T_{Kmax}), dann sind diese in ihrer Qualität akzeptabel und damit in Ordnung (i. O.). Formteile, die eine Kristallisationstemperatur oberhalb des Grenzwertes aufweisen, sind Schlechtteile und dementsprechend als n. i. O. zu deklarieren; sie sind deshalb auszusondern. Damit erlaubt die DSC-Analyse eine schnelle Unterscheidung zwischen einem Gut- und Schlechtteil.

4   Zusammenfassung

Die dynamische Differenzkalorimetrie (DSC-Analyse) ermöglicht eine schnelle, zuverlässige und bedingt automatisierbare Untersuchung von Kunststoffen und Formteilen. Sie erlaubt es, Werkstoffe, deren Gefüge und mögliche Füllstoffgehalte sowie deren thermische Vorgeschichte zu identifizieren; Bild 117.

Aussagen über die thermische Vorgeschichte einer untersuchten Probe lassen sich aus den Ergebnissen der 1. Aufheizung und aus dem Vergleich der kalorischen Informationen aus der 1. und 2. Aufheizung treffen. Die Abkühlungskurve (Kristallisation) und die DSC-Kurve der 2. Aufheizung charakterisieren die werkstoffspezifischen Eigenschaften einer untersuchten Probe nach einheitlicher thermischer Vorgeschichte.

Der in einer Probe vorliegende Kristallisationsgrad und die Kristalllamellendickenverteilung lassen sich anhand der Schmelzenthalpie in der 2. Aufheizung und der Breite des Schmelztemperaturbereichs ermitteln.

Anhand der Kristallisationstemperatur kann wiederum auf die Molmasse und einen etwaigen Molmassenabbau oder gar, entgegengesetzt, einen Molekularaufbau oder mögliche Kettenverzweigungen geschlossen werden. Auch die Existenz von nukleierenden Additiven im Polymer, seien es Nukleierungsmittel, Farbpigment oder nur Verun-

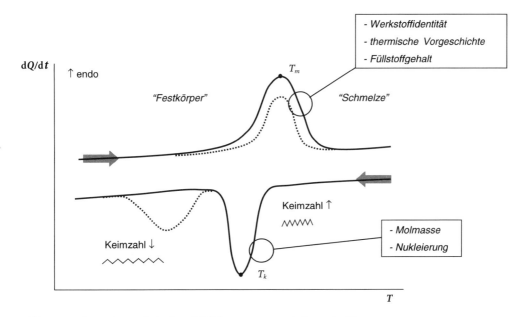

Bild 117: Informationsgehalt eines DSC-Thermogramms (schematisch)

reinigungen lassen sich auf diese Weise feststellen. Generell gilt: Je höher die Kristallisationstemperatur ist, desto schneller erstarrt (kristallisiert) der Werkstoff. Die thermodynamisch bedingte Erstarrungskinetik eines Polymers wirkt sich wiederum auf die Art und den Umfang der ausgebildeten, morphologischen Gefügestruktur beim Übergang aus der Schmelze zum Festkörper aus. Aus den polymeren Eigenschaften und den Gefügeeigenschaften eines Formteils resultieren schließlich seine Endeigenschaften.

Die Aussagefähigkeit und Zuverlässigkeit einer DSC-Messung hängt ganz entscheidend von der Probenvorbereitung ab. Im Wesentlichen sind dabei folgende Punkte zu beachten:

• Wahl eines repräsentativen Entnahmeortes

• einheitliche und sorgfältige Probenpräparation

• Gewährleistung eines guten Wärmekontaktes zwischen Probe und Tiegel

• einheitliche und symmetrische Wärmeübertragung zwischen Probe und Tiegel

Weitere Faktoren, die die Qualität der DSC-Messung beeinflussen und daher bei der Messung berücksichtigt werden müssen, sind:

• Tiegelart/-größe

• Spülgas/-strom

• Heiz-/Kühlrate

• Anfangs-/Endtemperatur der Messung/mögliche isotherme Verweilzeiten

• Probeneinwaage/Probenform

Für vergleichende DSC-Untersuchungen sind grundsätzlich eine einheitliche Versuchsdurchführung und ebensolche Messbedingungen erforderlich.

Unter Berücksichtigung aller Randbedingungen können mit der DSC-Analyse Temperaturunterschiede von 0,3 °C und Wärmemengenunterschiede von 0,4 W festgestellt werden.

Die DSC-Prüfung erlaubt im Rahmen der Untersuchung von Kunststoffformmassen und daraus hergestellten Formteilen wichtige Qualitätsaussagen auf deren Güte mit hoher Genauigkeit und Reproduzierbarkeit, und dementsprechend ist das Verfahren ein nützliches Qualitätssicherungsinstrument mit hohem Leistungspotenzial für die Kunststofftechnik; Bild 118.

Bild 118:   Anwendungsmöglichkeiten der DSC in der Kunststofftechnik

Aufgrund der geringen erforderlichen Probemenge für die Durchführung einer DSC-Prüfung einerseits und des hohen Informationsgehalts einer Messung andererseits ist die DSC-Untersuchung in vielen Fällen anderen Prüfmethoden überlegen, wiewohl sie niemals alleinig betrachtet werden darf.

5   Literatur

Grundlagen DSC

[1] *Ehrenstein, Riedel, Trawiel:* Praxis der Thermischen Analyse von Kunststoffen, Hanser 1998

[2] *Hemminger, Cammenga:* Methoden der Thermischen Analyse, Springer 1989

[3] *Mathot, Benoist:* Calorimetry and Thermal Analysis of Polymers, Hanser 1994

Werkstoffkunde Kunststoffe

[1] *Braun, Becker, Carlowitz:* Die Kunststoffe, Kunststoff-Handbuch, Band 1, Hanser 1990

[2] *Ehrenstein:* Polymer-Werkstoffe, Hanser 1999

[3] *Franck:* Kunststoff-Kompendium, 5. Aufl., Vogel 2000

[4] *Hellerich, Harsch, Haenle:* Werkstoff-Führer Kunststoffe, 9. Aufl., Hanser 2004

[5] *Menges, Haberstroh, Michaeli, Schmachtenberg:* Werkstoffkunde Kunststoffe, Hanser 2002

[6] *Michler:* Kunststoff-Mikromechanik, Hanser 1992

[7] *Oberbach (Hrsg.):* Saechtling – Kunststoff Taschenbuch, 29. Ausg., Hanser 2004

[8] *Schwarz, Ebeling:* Kunststoffkunde, 7. Aufl., Vogel 2002

Prüftechnik allgemein

[1] *Ehrenstein:* Kunststoff-Schadensanalyse, Hanser 1992

[2] *Grellmann, Seidler:* Kunststoffprüfung, Hanser 2005

[3] *Kämpf:* Industrielle Methoden der Kunststoff-Charakterisierung, Hanser 1996

[4] *Schmiedel (Hrsg.):* Handbuch der Kunststoffprüfung, Hanser 1992

6 Anhang

6.1 Glossar der Kalorimetrie

6.1.1 Begriffsbestimmungen

Empfindlichkeit

Proportionalitätsfaktor; verknüpft das elektrische Ausgangssignal des Gerätes mit dem von der Probe aufgenommenen oder abgegebenen Wärmestrom.

Einheit: µV/mW

Enthalpie

Symbol: H oder in molarer Form h bei konstantem Druck gleichzusetzen mit Wärmemenge.

Einheit: J oder auf die Einwaage bezogen J/g

endotherm, exotherm

Richtung eines durch eine Probenumwandlung hervorgerufenen Peaks, bei dem Wärme von außen aufgenommen/nach außen abgeführt wird.

Definition nach DIN 51005: endo ↑ exo ↓
Definition nach ICTAC: endo ↓ exo ↑

Glasübergang

Reversibler Übergang von amorphen Substanzen oder den amorphen Bereichen teilkristalliner Substanzen von einem harten, spröden (eingefrorenen) in einen gummiartigen Zustand (Nach DIN 51007).

Umwandlung 2. Ordnung

Temperaturlage, Breite und Stufe der Glasumwandlung sind Charakteristika amorpher oder teilamorpher Substanzen.

T_g: Abkürzung für Glasumwandlungstemperatur

Definition: arithmetisches Mittel aus extrapolierter Onset- und extrapolierter Endtemperatur der Glasübergangsstufe; $1/2\,\Delta c_p$

Induktionszeit

Zeitspanne nach Wechsel von N_2 auf O_2 bis zum Beginn der Oxidation = Oxidation Induction Time (OIT).

Kalt- oder Nachkristallisation

Nachträgliche Kristallisation teilkristalliner Materialien während der Aufheizphase.

Kristallinitätsgrad

Berechnung aus Kristallisations- und Schmelzwärme:

bei Nachkristallisation:

$$K \% = \frac{(\Delta H_{Schm.} - \Delta H_{Krist.}) \cdot 100 \%}{\Delta H_{Lit.}}$$

ansonsten:

$$K \% = \frac{\Delta H_{Schm.} \cdot 100 \%}{\Delta H_{Lit.}}$$

aber: aufgrund der Temperaturabhängigkeit der Schmelz- und Kristallisationswärmen kann der Kristallinitätsgrad nur als Orientierungshilfe und nicht als thermodynamisch richtige Größe gelten.

Onsettemperatur

Temperatur, bei der ein Peak die Basislinie verlässt (nur maßstabsabhängige Bestimmungsmöglichkeit).

Onsettemperatur, extrapoliert

Temperatur am Schnittpunkt von extrapolierter Basislinie und Wendetangente der Anfangsflanke einer thermoanalytischen Kurve (nach DIN 51005).

Die extrapolierte Onsettemperatur wird als charakteristische Umwandlungstemperatur benutzt.

Oxidationsstabilität

Stabilitätsbereich einer Substanz in Luft- oder Sauerstoffatmosphäre.

Messungen können isotherm und dynamisch durchgeführt werden;
Dansk Standard DS 2131.2: Zuerst dynamisch in N_2, dann isotherm in O_2.
DIN ISO 2578: Untersuchung mit mindestens 3 Isothermphasen bei unterschiedlichen Temperaturen.

Charakterisiert wird der Oxidationsbeginn durch die extrapolierte Onsettemperatur*
sowie in isothermen Phasen durch die Zeit (OIT, siehe Induktionszeit).

Phasenumwandlung, 1. Ordnung

Zeichnet sich thermodynamisch durch einen Sprung in der Enthalpie-Temperatur-Funktion ($H = H(T)$) aus (nach DIN 51007).

Beispiele: Polymorphe Umwandlungen*; Schmelzen, Kristallisationen; Verdampfen, Sublimationen*

Phasenumwandlung, 2. Ordnung

Zeichnet sich durch eine sprunghafte Änderung der Wärmekapazität c_p* aus.

Beispiele: Glasumwandlungen*; magnetische Umwandlungen.

Polymorphie

Auftreten verschiedener Modifikationen im festen Zustand
siehe Phasenumwandlung

Referenzmaterial

Substanz, die während einer thermoanalytischen Messung mit der Probe verglichen wird und im betrachteten Temperaturbereich keine thermische Umwandlung und/oder keine thermischen Effekte zeigt (nach DIN 51005).

Bei Polymeruntersuchungen wird als Referenz meist ein leerer Tiegel verwendet.

Relaxation

Überlagerung des Glasübergangsbereiches* durch einen endothermen Effekt*, hervorgerufen durch geordnete Bereiche (Enthalpierelaxation).

Schmelzen

Phasenübergang 1. Ordnung vom festen, kristallinen Aggregatzustand in den amorph-flüssigen, ohne chemische Veränderung der Substanz und ohne Masseverlust (nach 53765 E).

Die Schmelztemperatur T_m ist im Falle von Polymeruntersuchungen mit dem Peakmaximum korreliert.

Sublimation

Übergang fest $\rightarrow$ gasförmig

Thermostabilität

Stabilitätsbereich eines Materials bis zur Zersetzung in Inertgas-Atmosphäre.

Wärmekapazität (spezifische Wärmekapazität c_p)

Wärmemenge, die zur Erhöhung der Temperatur einer Substanz um einen bestimmten Betrag notwendig ist, ohne dass in der Substanz eine Phasenumwandlung 1. Ordnung* erfolgt (nach DIN 51007).

Einheit: $J/(g \cdot K)$

Zeitkonstante

Zeitdauer, bis ein Peak um 63,2 % (= 1/e) abgeklungen ist; bestimmt vorwiegend die Auftrennbarkeit des DSC-Signals für benachbarte thermische Effekte.

Einheit: s

6.1.2   Probenvorbereitung

Bedingung: guter thermischer Kontakt zwischen Probe, Probentiegel und Wärmestromsensor.

Einwaage

Faustregel: kleine Einwaage bei großen zu erwartenden Effekten, große Einwaage bei kleinen Effekten, wie z. B. Glasübergängen*

Empfehlungen nach DIN 53765:

Glasübergang	20 mg
Schmelzvorgänge	5 bis 10 mg
Kristallisationsvorgänge	5 bis 10 mg
Chemische Reaktionen	10 bis 20 mg
Spezifische Wärme	20 bis 40 mg

Für vergleichende Messungen in etwa gleiche Probenmengen verwenden.

Achtung: Tiegelboden* muss plan bleiben!

Tiegel

Standardtiegel: Al, verpresst

Anwendung: Hermetisch verschlossen: bei Substanzen, die weder leicht flüchtige Bestandteile enthalten, noch im gewählten Temperaturbereich oxidationsempfindlich sind oder sich zersetzen.

Offen (mit Loch im Deckel): bei Substanzen, die leicht flüchtige Bestandteile enthalten oder sich zersetzen; im Zusammenhang mit Inertgasspülung* zum Schutz vor Oxidation; im Zusammenhang mit Luft- oder Sauerstoffatmosphäre* für Oxidationsexperimente.

Autoklavtiegel: Edelstahl, verschraubt (Golddichtung)

Anwendung: Für die Messung von Polykondensationsreaktionen oder von Zersetzungsenergien

Vorsicht: Es darf keine Reaktion zwischen der Probe und dem Tiegelmaterial auftreten; gegebenenfalls auf andere Tiegelmaterialien ausweichen, wie z. B.: Pt, Quarzglas.

6.1.3   Messbedingungen

Abkühlung, ungeregelt

Durch sehr schnelles Abkühlen (Abschrecken) Erhöhung des amorphen Anteils eines Polymermaterials
→ ausgeprägterer Glasübergang*
→ bei vorherigem Aufheizen über die Glasumwandlungstemperatur hinaus, Eliminierung von Relaxationseffekten

Abkühlung, geregelt

Empfohlen bei vergleichenden Messungen (siehe Temperaturprogramm), um eine identische thermische Vorgeschichte zu schaffen. Ebenso bei der Untersuchung des Kristallisationsverhaltens (z. B. Einfluss des Rezyklatzusatzes auf das Kristallisationsverhalten).

Mit einer Kaltgas-Kühlung ist der Basislinienverlauf ruhiger als im Falle einer Flüssig-Stickstoff-Kühlung.

Alterungsbeständigkeit

Ein Maß für die Alterung eines Materials ist die Oxidationsbeständigkeit*.

Aufheizung, erste

DSC-Kurve zeigt die thermomechanische Vorgeschichte, die das Material erfahren hat (siehe auch Temperaturprogramm); enthält auch Hinweise auf Verarbeitungsparameter.

Aufheizung, zweite

DSC-Kurve zeigt nur noch Materialeigenschaften (siehe auch Temperaturprogramm).

Eine zweite Aufheizung ist nicht sinnvoll, wenn durch den vorhergegangenen Temperatureinfluss eine Probenschädigung eingetreten ist.

Aushärtung

Siehe Reaktionen.

Durchflussrate/Probenraum

Bedingt durch die Strömungsrichtung von unten (Zellenboden) nach oben, wird Wärme vom Wärmestromsensor wegtransportiert.

Deshalb: Für vergleichende Messungen sind gleiche Durchflussraten wichtig.

Durchflussrate/Ofenmantel

Zur Verhinderung einer Kondensation von Luftfeuchtigkeit bei Tieftemperaturmessungen Spülung des Ofenmantels mit trockenem Inertgas*.

Empfohlener Wert für das DSC 821^e der Firma Mettler-Toledo GmbH: ca. 100 mL/min.

Gasatmosphäre

Messungen können in statischer (Luft) oder dynamischer Gasatmosphäre (Inertgas, Sauerstoff) durchgeführt werden.

Inertgas als Spülmedium für Zersetzungsprodukte, für Tieftemperaturmessungen oder zur Vermeidung von Oxidationen (siehe auch Probenvorbereitung/Tiegel).

In der Regel wird aus Kostengründen N_2 verwendet.

Helium besitzt gute Wärmeübertragungseigenschaften und hat dadurch eine ausgleichende Wirkung auf die Basislinie.
→ Einsatz bei Tieftemperaturmessungen
→ bessere Peakauftrennung (z. B. bei Blends)

In Argonatmosphäre ist die Empfindlichkeit der Zelle am größten.
→ Verwendung für die Messung sehr kleiner Effekte, z. B. für c_p-Bestimmungen

Sauerstoff oder synthetische Luft für Oxidationsexperimente (siehe auch Probenvorbereitung/Tiegel)

Gasart hat auch Einfluss auf Lage und Form der Glasübergangsstufe eines Materials.

Beispiel: Im Vergleich mit Stickstoff ist die Glasumwandlungstemperatur in Helium zu niedrigeren Werten verschoben und die Stufe steiler.

Grund: Auswirkungen auf kalorimetrische Empfindlichkeit* und Signal-Zeitkonstante*.

Heizrate

Faustregel: Schnelle Heizrate für kleine Effekte wie Glasübergangsstufen, kleinere Heizrate für Schmelzvorgänge.

Empfehlungen nach DIN 51007:	Messungen für Reinheitsbestimmungen: 1 K/min
	Wärmekapazitätsmessungen: 10 K/min
Empfehlungen nach DIN 53765:	Messungen von Glasübergangsbereichen: 20 K/min
	Messungen von Schmelzeffekten: 10 K/min

Oxidation

Siehe auch Begriffsbestimmungen/Oxidationsstabilität.

Messungen isotherm und dynamisch möglich, aber isotherme Oxidationsmessungen zeigen im Allgemeinen eine bessere Trennschärfe.

Bei vergleichenden Messungen führen Untersuchungen in reiner Sauerstoffatmosphäre häufig zu eindeutigeren Unterschieden als in Luft.

Reaktionen

Neben Vernetzungen (Aushärtung, Vulkanisation) sind mit DSC auch weitere Reaktionen, wie z. B. Wasseraufnahme oder Zersetzung, beobachtbar.

Polyadditions- und Polymerisationsreaktionen lassen sich in Al-Tiegeln durchführen, da keine Abspaltung von niedermolekularen Produkten auftritt.

Reproduzierbare Ergebnisse für Polykondensationsreaktionen erhält man nur in druckdichten Autoklavtiegeln (siehe auch Probenvorbereitung/Tiegel).

Eine Nachhärtung eines unvollständig ausgehärteten Materials zeigt sich in der 2. Aufheizung* durch einen verbleibenden exothermen* Peak.

Rückwaage

Vergleich zwischen Einwaage* zu Beginn und am Ende einer Messung kann Hinweise auf Reaktionen* während der Messung geben bzw. zur Kontrolle der Dichtigkeit von Autoklavtiegeln (siehe Probenvorbereitung/Tiegel) dienen.

Sauerstoff

Siehe Gasatmosphäre.

Stickstoff

Siehe Gasatmosphäre.

Temperaturprogramm

Die Anwendung identischer Temperaturprogramme ist die Voraussetzung für Kurvenvergleiche.

Ein typisches Temperaturprogramm (keine Reaktion*, keine Probenzersetzung) besteht z.B. aus 1. Aufheizung*, Isothermphase, geregelter Abkühlung*, 2. Aufheizung*, eventuell Oxidation*.

Tiegelmasse

Aufgrund der höheren Zeitkonstante von Autoklavtiegeln (siehe Probenvorbereitung/ Tiegel) sind damit nur Messungen mit einer Heizrate* von maximal 5K/min möglich.

Die viel leichteren Aluminiumtiegel lassen auch höhere Heizraten* zu.

Vernetzungen

Siehe Reaktionen.

6.1.4   Kurveninterpretation

Aufheizung, erste

Vergleiche identischer Materialien zeigen thermomechanische Vorgeschichte auf (z. B. Masse-, Werkzeugtemperatur)
→ Schadensanalyse, Qualitätssicherung.
Verfolgen von Reaktionen* (Vernetzung, Aushärtung, Kontrolle der Vollständigkeit der Reaktion).

Aufheizung, zweite

Vergleiche verschiedener Polymertypen oder -chargen
→ Wareneingangsprüfung, Materialeigenschaften.

Voraussetzung: Gleiche thermomechanische Vorgeschichte, d. h. identisches Temperaturprogramm*, geregelte Abkühlung*.

DSC-Kurve

Mathematische Ableitung der DSC-Kurve nach der Zeit; Hilfsmittel zur Festlegung der Anfangs- und Endpunkte von Glasübergangs- bzw. Schmelzbereichen. Maxima der DSC-Kurven geben Aufschluss über Reaktionsgeschwindigkeiten, z. B. Kristallisationsgeschwindigkeiten während der Abkühlung.

Glasübergang, Lage

Symbol: T_g

Einflussfaktoren:

Vernetzungsgrad
→ Je höher der Vernetzungsgrad, desto höher T_g (Nachvernetzung).

Weichmacher (vor allem bei Vulkanisationen)
→ Erniedrigung der Glasumwandlungstemperatur

Verarbeitungsparameter (wie Werkzeug- und Massetemperatur bei Spritzgussteilen)
aber nur, wenn sich die Parameter im Vergleich stark voneinander unterscheiden.
Füllstoffe haben ebenfalls Auswirkungen auf die Effektbreite.

Verträglichkeiten von Blendkomponenten
→ Verschiebung der Glasübergangsbereiche verträglicher Typen zueinander

Feuchtigkeit
→ z. B. zeigt sich bei PA aufgrund eines Feuchtigkeitsaustrittes gegenüber der 1. Aufheizung* in der 2. Aufheizung* eine Verschiebung der Glasübergangstemperatur.

Verknüpfung mit *Kälterichtwerten* bei Vulkanisationen
→ Niedrigere Glasübergangstemperatur bedeutet besserer Kälterichtwert.

Hinweis auf Gebrauchstemperaturen von Materialien
→ Höherer T_g deutet auf höhere Gebrauchstemperatur hin.

Glasübergang, Stufenhöhe

Symbol: T_g

Stufenhöhe $\cong$ c_p-Änderung (Δc_p)
→ Hohe c_p-Änderung weist bei teilkristallinen Materialien auf einen hohen amorphen Anteil hin (hohe Zähigkeit);
→ bei thermoplastischen Elastomeren zeigt sich im Glasübergang der Anteil der Weichsegmente; → ausgeprägte T_g-Stufe bei Vulkanisaten bedeutet bessere elastische Eigenschaften.

Kristallisationspeak, Lage und Form

Nur in geregelter Abkühlkurve auswertbar.

Einflussfaktoren:

Keimbildner wie *Nukleierungsmittel, Rezyklat- oder Pigmentzusatz*
→ mögliche Auswirkungen auf thermomechanische Eigenschaften und Verarbeitung;
Kristallisationsbeginn bei höherer Temperatur: erhöhte Keimbildung.

Steilere Peakanstiegsflanke (vergleichbar mit größerem Maximalwert in der DSC-Kurve): höhere Wachstumsgeschwindigkeit der Kristalle
→ Probleme bei unterschiedlichen Wandstärken; dünne Wand → schnelles Einfrieren

Engerer Kristallisationsbereich:
→ einheitlichere Kristallitgrößenverteilung
→ kann bei Formteilen mit stark unterschiedlichen Wanddickenverhältnissen zu Fehlstellen führen.

Verarbeitungsbedingungen, z. B. Werkzeugtemperaturen
→ Verarbeitungszustand: Formteile erstarren bei höheren Temperaturen als Granulate
(zurückzuführen auf Verarbeitungseinfluss).

Abweichungen von der Idealform:
Aufgrund unterschiedlicher Abkühlbedingungen über den Querschnitt bei der Verarbeitung zeigen dickwandigere Spritzguss- und Formteile häufig einen uneinheitlicheren Verlauf des Kristallisationsgrades.

Kristallisationswärme

Symbol: Δh_c

Unterschiedliche Füllstoffanteile (z. B. Glasfaser) von Polymerwerkstoffen wirken sich auf die Kristallisationswärme aus.

Oxidation

Charakterisiert durch Induktionszeit* (isothermes Verfahren), extrapolierte Onset-Temperatur* sowie Steigung der DSC-Kurve;
die Kurvensteigung ist ein Maß für die Oxidationsgeschwindigkeit (DSC-Kurve).

Einflussfaktoren:

Stabilisierung
→ Verschiebung des Oxidationseffektes zu höheren Temperaturen, geringere Kurvensteigung

Verarbeitungsbedingungen; z. B. zu hohe Massetemperatur
→ Abbau

Alterung
→ Schädigung des Materials mit vermehrter Angriffsmöglichkeit für Sauerstoff

Peaküberlagerungen

Kann z. B. durch Mischkristallbildung in Blends (z. B. PE-LD/PE-HD) hervorgerufen werden.

Näherung: Teilintegration oder Peak-Separation-Software

Besser: Multikomponentenanalyse

Reaktionspeaks

In der Praxis werden Vulkanisationen oder Aushärtungsreaktionen oft isotherm durchgeführt; der schnellere Weg zur Optimierung sind dynamische Experimente; wichtiges Hilfsmittel: kinetische Analyse.

Materialalterung wirkt sich auf Reaktionswärme aus.

Relaxation

In der 1. Aufheizung* z. B. bedingt durch längere Lagerungsdauer unterhalb der Glasübergangstemperatur.

Durch langsame, geregelte Abkühlung* können Relaxationen auch in der 2. Aufheizung* auftreten.

Schmelzpeak, Form

Bei gleichen Materialien in der 1. Aufheizung*:
Schärferer Peak ist Anzeichen für größere Homogenität, engere Molekulargewichtsverteilung.

Schmelztemperatur, Verschiebung zwischen 1. und 2. Aufheizung*

Symbol: T_m

Niedrigere Temperatur in der 2. Aufheizung*:
besserer Kontakt zwischen Probe und Tiegel nach einmaligem Aufschmelzen;
niedrigere Temperatur (und auch Schmelzwärme) in der 1. Aufheizung*:

deutet darauf hin, dass Abkühlgeschwindigkeit bei der Formteilherstellung an der Probeentnahmestelle höher war als während der Messung.

Schmelztemperatur, Verschiebung

allgemein

Symbol: T_m

Bei Blends aus verträglichen Komponenten und bei Copolymeren tritt häufig eine Schmelzpunktverschiebung gegenüber den Einzelbestandteilen auf.

Sachwortverzeichnis